力学丛书·典藏版 6

计算流体动力学

——偏微分方程的数值解法

程心一 著

U0370454

科学出版社

1984

内 容 简 介

本书主要介绍流体力学中的各种偏微分方程和不同的初边值条件的有限差分计算方法．同时综述了自六十年代后期发展起来的计算流体力学中有限差分方法的理论基础，与各种格式的特点．

本书可供计算力学和计算数学工作者及大专院校相应专业师生阅读．

图书在版编目 (CIP) 数据

计算流体动力学：偏微分方程的数值解法／程心一著．—北京：科学出版社，2016.1

（力学丛书）

ISBN 978-7-03-046893-2

I. ①计… II. ①程… III. ①计算流体动力学—偏微分方程—数值计算 IV. ① O35

中国版本图书馆 CIP 数据核字 (2016) 第 004438 号

力 学 丛 书

计算流体动力学

——偏微分方程的数值解法

程 心 一 著

责任编辑 陈大宁 谈德颜

科学出版社 出版

北京东黄城根北街 16 号

北京京华虎彩印刷有限公司印刷

新华书店北京发行所发行 各地新华书店经售

*

1984 年第一版 开本：850×1168 1/32
2016 年印刷 印张：6 7/8
插页：精 2
字数：180,000

定价：58.00元

《力学丛书》编委会

前　　言

自然界的许多现象常常可以用偏微分方程来描述．在科技工作中往往需要求解这些方程，但是除了某些特殊简单的例子外，一般情况下，问题的求解是非常困难的．因而，利用种种不同的特殊物理条件来简化这些方程，将偏微分方程转变成常微分或积分方程，希望以分析方法获得解的积分形式或代数形式，以便进行数值计算．本书所论述的是用离散方法将偏微分方程直接转换成高维数的代数方程组，用数值计算方法来求得原问题的近似解，以满足许多工程技术问题的实际需要．本书的内容偏重于介绍各种计算方法在流体力学中的应用，这是因为在流体力学中的种种偏微分方程是较富有代表性，并且是在其它物理问题中通常容易遇到的．所谓计算流体力学，就是研究利用现代的计算方法和工具，近似解决一般流体力学问题的一门独立的分支．

随着高速电子计算机的发展，计算方法很快地成为解决自然科学中的理论问题和工程技术中的实际问题的重要工具．二、三十年前计算方法在发展原子能与导弹的研究工作上已发挥了很大的作用，近十余年来计算方法才被广泛应用到其它科技工作中去．在这普及化的过程中，一些与运用计算方法有关的理论、原则及应注意的特征往往被忽视了．因而导致种种错误的计算结果，这些错误所造成的不幸后果是应设法避免的．本书的重点就在于说明数学物理的基本原则在计算方法中的重要性，研究各种计算方法在不同情况下的利弊，以获得对计算结果的正确的判断和分析．这样一方面可减少或避免错误，使得计算结果尽可能符合各个物理问题的原有的要求和条件；另一方面可以指出有关计算方法的研究工作今后应取的方向，以此来加强研究的理论基础与增进方法的精度和运算效益．

计算方法在数学理论上的严谨正确,当然是大家所企求的,但是在目前我们只能对线性的离散问题作比较完整而严谨的数学处理,有关非线性问题的数学理论,无论从纯数学或应用数学的观点来看都很不完善.然而科技工作中要求解的问题很多是非线性的,要想求解这些非线性问题,在目前还只有从计算方法着手.因此,我们不得不避开一些数学理论上的严谨,而试用计算方法来获得一些有用的近似解答并研究其困难之所在.探索各种能减轻或解决这些困难的办法,这就是当前有关计算方法的重要研究内容与方向.我们运用数学上没有足够根据的办法来求复杂的非线性方程的数值解,不是不顾一切原则盲目从事计算,相反地我们要求尽可能利用已知的数理原则指导我们去得到有意义的近似结果.

本书是一本有具体目的的专题讨论著作,而不是一般的教科书.因此,它省略了关于许多离散方法的初步介绍;对有些定理的具体证明、公式的推导、计算方法的示范与计算结果的描述等等都从简略去.从整体着想,提纲择要地为在计算方面已有相当经验与体会的科技工作者作一系统的讨论并给出一些建议.读者若需要更具体的材料,请参考其它有关计算方法的教科书籍与原始文献.

一九七九年七月,作者应联合国教科文组织的邀请,来中国大连工学院讲流体力学的计算方法.讲学内容经大连工学院吕玉麟、李鑑初、张洪庆、赖国璋、唐焕文、周树信和夏尊铨七位教师的整理,并在附录中补充了许多公式的证明,汇集成书,以供国内学术界及科技工作人士参考.

因为学术是在不断地进展,目前的困难可能逐渐被克服,所以书中的结论与启示很可能在不久的将来就需加以修正.尚祈各位学者不吝赐教,只希望此书对祖国的科技发展能有所俾益,对各位科技工作者能有所启示.

本书的出版曾得到大连工学院院长钱令希教授的热情关心和大力支持,作者在此表示感谢.同时也向促成此书问世的各位致谢.

程 心 一

一九八一年七月于美国普林斯顿大学

目 录

第一章　离散近似法的实质

许多描述实际问题的数学模型往往归结为求解一些很复杂的非线性偏微分方程，一般情况下，用经典的分析法处理是很困难的．五十年代起，应用数学家们利用 Prandtl 边界层理论，以奇异摄动法处理偏微分方程的边值问题，将偏微分方程转化成一组常微分方程，利用计算机进行解算．这是一种近似的计算方法，若能大致预知问题的结果，就能断定这个解答是否正确合理．但从原理上很难严格地论证它的正确性．只要常微分方程问题是适定的，它的求解并不困难，有困难的是解偏微分方程问题．下面将介绍如何把偏微分方程直接转化成代数方程组，然后对其求解，略去转化为常微分方程的步骤．

这属于一种离散近似的计算方法，所要寻求的不是域内的连续函数，而是域内各节点上函数的近似值．

设偏微分方程为 $L\left[\bar{x}, \left(\dfrac{\partial}{\partial \bar{x}}\right)^{n^*}\right] u = 0$，其中 $\bar{x}$ 是点的坐标矢量，可以包含时间因素在内．L 是算子，u 是未知量，它可以是标量，也可以是矢量，n^* 是偏导数的阶数．

一般偏微分方程的数值解法有两种，即有限差分法和有限单元法，在某种意义上讲，有限单元法是差分法的一种特殊形式．有限单元法往往更适用于某一些特殊问题，而差分法可能应用得更广泛一些，但这并非说差分法优越于有限单元法，只是说对某一些问题可能用有限单元法合适，而对另一些问题则可能用差分法好．这里提到的有限单元法是广义的 包括配置法等在内．

§1-1　有限差分法与有限单元法的比较

有限差分法与有限单元法这两者的区别有四点（第四点只是

方法上的不同,不是主要差别).

1. 点近似

差分法是点近似,它只考虑在有限个离散点上的函数值,而不去考虑在点的邻域函数值如何变化. 有限单元法考虑的则是分段

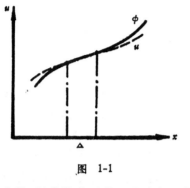

图 1-1

(块)的近似,如图 1-1 所示,它考虑的是点组的近似. 在这个点组内用一个样条函数 φ 来代替微分方程的解 u. 在点上样条函数的值和解的函数值是一致的. 而在点与点之间两者虽有差别,但不太大. 因此有限单元法可以进行微分,而差分法在点的邻域上函数值是不确定的,因此微分系数无法确定. 有限单元法一旦选定了样条函数,其连续性是确定的,而有限差分法解的连续性是未定的,这是差分法的主要困难. 由于差分法是点近似,故对微分系数应从泛函的概念来理解,而不能只从普通的微分概念来理解.

2. 收敛性

对于有限差分法,其"收敛"的定义如下:

设 U 是用差分法解出的一个点的函数值(函数值可能是多维的,这里只讨论一维问题),当步长 $\triangle$ 趋近于零时,若在解的定义域内每一点上,有

$$\lim_{\triangle \to 0} U = u \qquad (1-1)$$

我们则称解是收敛的. 式中 u 为微分方程在各个点上的准确解.

当 $\triangle$ 取得很小,即 $\triangle$ 趋近于零时,点数可以无限增加,但点数的增加并不一定就能形成连续的函数,因为这里只考虑每一点上的函数值,收敛的意义就在域内任一点处的差分解 U 是否趋近于偏微分方程在该点的准确解 u,即是否 U 趋近于 u.

对于有限单元法,收敛的概念和差分法不同,在用有限单元法解偏微分方程时,可将偏微分方程等号两边都乘上一个函数

$F(\varphi_i)$（这时等号右边将仍为零），其中 φ_i 是每一段的样条，$F(\varphi_i)$ 是样条 φ_i 的函数，有时只乘 φ_i，但原则上可以乘 $F(\varphi_i)$，将 $F(\varphi_i)$ 乘以 LU 以后，在全域 D 内进行积分. 当 $\triangle$ 趋近于零时，有

$$\lim_{\triangle \to 0} \int_D F(\varphi_i)LUdD = 0 \qquad (1\text{-}2)$$

当 $\triangle$ 不为零时，由于上式中 U 并非真正解 u，因而积分值不为零而总会有误差，收敛的意义要看当 $\triangle$ 趋近于零时误差是否趋近于零. 所以，有限单元法的收敛是根据积分的收敛来定义的，而不是根据点定义的.

3. 光滑性

当用差分方程代替微分方程时，或者说当用差商代替微商时，往往假定函数有足够的光滑性. 这样，微分系数就可以用差商来代替. 当函数用截断的泰勒级数展开时，利用不同阶的中值定理便可得到不同准确度的差分格式.

而有限单元法因为利用了样条函数，在分段（块）内函数值已经光滑，但是在样条函数的连接处要求函数是连续的，甚至可能要求微分系数是连续的，即满足所谓相容性条件. 有限元法得到的是一个光滑的解. 一般讲来，差分法并不能保证解的光滑性，但不能因此说解是不好的.

4. 在差分法中用差商代替微分系数（这时 u 变成了 U）且得到了代数方程组. 引入边界条件后，便可求解未知量. 这里未知量不是单一个点的函数值，而是域内许多点的函数值. 在差分法中，由于差分的格式不同（离散方法的不同），对应于一个偏微分方程，其代数方程组不是唯一的.

在有限元法中，当解的定义域 D 固定，样条函数 φ_i 已选定，也还可以有不同的 $F(\varphi_i)$，因而也得到了不同的代数方程组. 在有些情形下用差分法与有限单元法将同一偏微分方程离散成代数方程组时，可以得到同一代数方程组. 但在一般情形下从不同的离散方法所得的代数方程组是不同的. **这许多不同的代数方程组的解都是微分方程的解的近似.**

§1-2 有限单元法的理论基础

假定 U 是有限单元法的近似解，并且可以展成级数

$$U = \sum_i \alpha_i \varphi_i \tag{1-3}$$

式中 φ_i 是选定的样条函数，α_i 为待定的系数，φ_i 为一完备集合，并且希望它是正交的. 当 φ_i 是正交时，问题要简单得多（当然也可以用不正交的样条函数）. 为了简单起见 在 (1-2) 式中取 φ_i 代替 $F(\varphi_i)$，于是可写出

$$\int_D \varphi_i L(\sum \alpha_i \varphi_i) dD = 0 \tag{1-4}$$

当用分部积分时，如 φ_i 是正交的，则其内积

$$\begin{aligned} \langle \varphi_j \cdot \varphi_i \rangle = 0 \quad j \neq i \\ \langle \varphi_j \cdot \varphi_i \rangle \neq 0 \quad j = i \end{aligned} \tag{1-5}$$

（在建立代数方程组时，还应包括相容性条件和边界条件），这样就组成了有限单元法的代数方程组.

现在要问，U 在什么情况下可以作为原来微分问题的准确解 u 的近似呢？

假定 L 是线性算子，这样，上述积分 (1-4) 就是能量积分，这里指的是数学意义上的"能量". 如果样条函数选得适当，这个积分可以相当于结构中的位能.

如果 U 为微分方程的解，那么应有

(1) 对所有的 i 存在关系式

$$\int_D \varphi_i L \left(\sum_i \alpha_i \varphi_i \right) dD = 0$$

(2) 边界条件一定是自然边界条件. 所谓自然边界条件是指分部积分之后，边界积分为零的条件，我们应当充分利用自然边界条件. 显然，自然边界条件是 $F(\varphi_i)$ 的函数. 总可以选用一定的 $F(\varphi_i)$ 来形成自然边界条件，但是工程上一般选用的是 φ_i 而不是 $F(\varphi_i)$. 这样，就无法充分利用自然边界条件.

由于 U 不是微分方程的准确解而只是近似解，所以上述对 D

区域的积分不一定为零，我们希望这一积分虽不为零但是应为极小，从这一观点出发，这一积分式就应是微分方程 $Lu=0$ 与边界条件 $Bu=0$ 的变分式（用有限单元法计算时，往往有许多积分式，其数目不一定受限于 φ_i，有时要少些，因为引入了许多相容条件和边界条件，减少了积分式的数目）．如果积分式就是变分式，那么微分方程可以有许多不同的变分形式，相应会有许多的所谓不变量（至于原微分方程所代表的物理问题有没有这些不变量，是不是这些不变量，这些都并不肯定）．在变分式情况下，微分方程是变分式的欧拉方程．而原微分方程的算子 L 是自共轭的，同时，相应的变分式是正定的．所以，采用有限单元法首先应找到其最有利的变分式，而且检验这些算子和变分式是否是自共轭的、正定的．但是，要回答这些问题是很困难的．工程上常常就不去管这些问题而直接应用，这样做有利也有弊，利是不必过多顾及数学上的困难．但由此也使有限单元法在应用上还存在一些具体困难，这些困难是：

（1）上述理想条件往往不能满足，变分式往往是"退化"的，原则上讲"退化"的变分式有时没有解，有时解不是唯一的．

（2）虽然非自然边界条件总可以用 Lagrange 乘子强加到变分上去作为补充条件，但这样处理，变分问题很可能会成为不适定的（多解或无解），得到的解答很可能与我们需要的物理问题的解答不相干．

（3）$F(\varphi_i)$ 选择得不同就有不同的变分式，而有些变分式往往不符合物理上的守恒原则，有时甚至与之相违背，这样就失去了物理上的意义．在流体力学中有时变分原理并不知道，在高速情况下一般不存在．所以在流体力学中尤其是高速情况下用有限元法是有一定困难的．

（4）一般地讲，所选的 φ_i 不是完备的系列而是从计算或处理问题方便的角度来选取的片段连续函数，而且往往是一维的，是 $\varphi_i(x_i)$ 而不是 $\varphi_i(\bar{x}_i, t)$，对多维的或随时间变化的问题 φ_i 很难选择，$\varphi_i(x_1)$ 与 $\varphi_i(x_2)$ 之间有没有相互结合的关系呢？所以对这一类问题,有限单元解法的不可靠性是相当严重的.

（5）对波动方程,尤其是非线性的问题,初值可能是光滑的,但解却不一定是光滑的,有些情况下应该是不光滑的,例如在波前附近的解,上述的有限元法难于处理这类不光滑解的问题. 在形式上讲,似乎在有限单元法的样条中加入了激波元素或其它不连续函数,就不难于表达不光滑的解. 但这种解甚难适合此类不连续函数所代表的物理现象. 在波前某几种物理量是不连续的. 其间断是由固定的不变量来决定的. 这种变量与不变量,随不同的物理问题而异. 波前的位置不是预知的. 而是由固定的不变量根据所要求的解来决定的. 这种波前在计算解中的位置及其传播的速度是随不同物理问题的解而不同的. 这许多附加条件,要适当地加入有限单元法的计算解中,是有具体困难的. 所以对这一类问题,有限单元法往往不甚适用.

有限单元法的优点是:

（1）由于允许网格划分的不规则性使用起来比较方便,尤其对于处理不规则边界或域中局部点函数值变化显著的问题更是如此.

（2）特别是椭圆型方程(有时也包括扩散方程)的解都趋于光滑,即使边界值稍有误差,所解得的中间段函数值也是光滑的,对于许多实际无显著波动性的问题,有限单元法往往是非常方便和有效的,但仍需注意守恒原则与边界条件的处理.

§1-3 有限差分法的理论基础

差分法近似解的理论基础需要从"泛函分析"着手. 因为用差分法计算的结果往往不能保证"光滑"性或"连续"性,其近似的程度需从误差范数 $\|U - u\|$ 来确定.

所谓范数是"距离"的概念在 $\bar{n}$ 维线性空间中的推广. 原点是零值矢量. 在二维或者三维空间中,任一点到原点的距离,就可看作矢量的长度或大小. 在 $\bar{n}$ 维线性空间中,我们引用范数这一概念做为矢量长度或矢量之间的"距离"的度量. 范数必须满足下列关系：

    (1) $\|x\| \geqslant 0$　$x \in D$

       $\|x\| = 0$　当且仅当 $x = 0$

    (2) $\|\alpha x\| = |d| \cdot \|x\|$，$\forall \alpha \in R$（实数集合），$\forall x \in D$

    (3) $\|x + y\| \leqslant \|x\| + \|y\|$，$\forall x, y \in D$. 此即三角不等式.

满足上述关系的 n 维向量 x 的范数可以有许多不同的形式.
例如：

    (1) $\|x\|_1 = N_1(x) = \sum\limits_{j=1}^{n} |x_j|$ 或称 L_1 范数.

    (2) $\|x\|_2 = N_2(x) = \left[\sum\limits_{j=1}^{n} |x_j|^2\right]^{\frac{1}{2}}$ 或称 L_2 范数，也叫做 n 维

空间中的欧几里德范数，或距离.

    (3) $\|x\|_p = N_p(x) = \left[\sum\limits_{i=1}^{n} |x_i|^p\right]^{\frac{1}{p}}$ 或称 L_p 范数.

    (4) $\|x\|_\infty = N_\infty(x) = \max|x_i|$ 或称 L_∞ 范数.

n 阶方阵作为 n^2 维线性空间的元素（或称向量），它的范数还
需具备另一个条件，即

    $\|AB\| \leqslant \|A\| \cdot \|B\|$，式中 A, B 是同阶的方阵.

    一个矩阵的范数可由下式定义：

$$\|A\| = \sup_{x \neq 0} \|Ax\| / \|x\|$$

    这样定义的范数称为"自然范数"，其中 sup 表示上确界，它满
足了上述四个要求.

    由上述矩阵范数的定义可见，矩阵的范数是与向量的范数密
切相关的.

    若 A 为 n 阶方阵，则其相当于最大范数的"自然矩阵范数"是

$$\|A\|_\infty = \max \sum\limits_{k=1}^{n} |a_{ik}|$$

即将矩阵元素的绝对值按行相加，而其中的最大值即矩阵的范
数.

相当于 L_2 范数的"自然矩阵范数"是
$$\|A\|_2 = [\rho(A^*A)]^{\frac{1}{2}}$$
其中 $A^* = \bar{A}^T$ 为 A 阵的共轭转置，$\rho(A^*A)$ 为矩阵 A^*A 的谱半径(即矩阵 A^*A 绝对值最大的特征值).

显然，若 A 为正规矩阵，也就是 $A^*A = AA^*$，则有
$$\|A\|_2 = \rho(A)$$

下面是以后将用到的几个有关矩阵范数的定理（这里略去证明).

定理 1 $\bar{n}$ 阶矩阵范数为矩阵的 $\bar{n}^2$ 个元素的"连续"函数.

定理 2 A 的不同形式的矩阵范数是等价的.

定理 3 矩阵 A 的范数不小于 $\rho(A)$，也就是
$$\rho(A) = \inf\|A\|$$
其中 inf 表示下确界.

定理 4 收敛矩阵 A 有

(1) $\lim\limits_{m \to \infty} A^m = 0$

(2) $\lim\limits_{m \to \infty} \|A^m\| = 0$

(3) $\rho(A) < 1$

(4) $(I - A)^{-1} = I + A + A^2 + A^3 + \cdots$

(5) $\dfrac{1}{1 + \|A\|} \leqslant \|(I - A)^{-1}\| \leqslant \dfrac{1}{1 - \|A\|}$

差分式解的误差 $U - u$ 是一个矢量，这个矢量的维数是差分解域中的点数 $\bar{n}$，差分解法的收敛是指
$$\lim\limits_{\bar{n} \to \infty} \|e\| = \|U - u\| = 0，而 \bar{n}\Delta \to D$$
由于误差 e 是 $\bar{n}$ 的函数（点数 $\bar{n}$ 值不同，误差 e 也就不同），故写作 $e(\bar{n})$，$e(\bar{n})$ 是函数序列，$U(\bar{n})$（差分解 U 也是 $\bar{n}$ 的函数）也是函数序列. 当 $\bar{n} \to \infty$ 时，我们希望 $e(\bar{n})$ 的极限为零，而 $U(\bar{n})$ 的极限为微分方程的准确解 u.

若 $U(\bar{n})$ 的泛函空间是"密集"的，则 $U(\bar{n})$ 的收敛是一致的，

当 $\bar{n}$ 很大但为有限值时,步长 $\Delta \sim \dfrac{1}{n}$ 为很小,则 $e(\Delta) \sim O(\Delta^{\alpha})$,$\alpha$ 为一定的正数.

根据上述定义,收敛的概念与选用的范数有关. 虽然不同的范数是等价的,但要注意 L_2 范数的一致收敛,并不能保证最大范数的一致收敛.

§1-4 适 定 性

无论差分法解或是有限单元法解,其收敛的先决条件均应是:微分问题是适定的,即解 u 必须"存在"并在固定的域内是"唯一"的,此外,解还必须具有"连续性".

这里所谓"连续性"是指微分式及边界条件初始条件中的参数如稍有变化(扰动),解仍应存在且仍为唯一,这个扰动后的唯一解与扰动前的解应相差无几,这就是微分问题的连续性. 这样,当扰动趋近于零时,解的改变量 $\|\Delta u\| \to 0$. 这一点首先由 Hadamard 提出,称作 Hadamard 适定条件. 有了这一条件,当描述一个具体物理问题的微分方程若其初边值条件与实际问题稍有出入时(这一误差肯定会有的),我们仍能得到物理问题的正确近似解. 但是,微分问题的适定性并不能保证差分方法或有限单元法等离散近似问题的"适定". 后者也要求三点(这三点与上述存在、唯一、连续性是相似的,但其含义更广些):

(1) 可解性——即这个差分离散问题要求可以解得出来.

(2) 唯一性——不管是用这台或那台计算机,也不管怎样作重复计算,计算的结果应该相同,当然误差(或差别)总是存在的,所以我们这里称之为计算结果的可重复性是指这些误差是足够的小.

(3) 连续性——当初值或离散方程式的参数稍有改变,解的结果应该保持 Lipschitz 连续性,即解的改变等于参数的改变量乘上 Lipschitz 常数. Lipschitz 常数不应太大,否则解的改变仍是相当大的.

这些特性很难从理论上证明，但我们应进行事后验证，这样虽不能保证一定就是我们所要寻求的物理问题的解，至少能帮助我避免许多不必要的错误，使计算结果的解为物理问题的适当近似解。

第二章　代数方程组

如前章指出：偏微分方程的初值、边值问题的求解,都可以转化为线性或非线性代数方程组的求解. 本章将讨论代数方程组的一些解法.

§2-1　线性代数方程组

设线性代数方程组为 $AX = f$

其中 A 为已知系数的 $\bar{n}$ 阶方阵, X 为未知的 $\bar{n}$ 维矢量,右端项 f 为已知的 $\bar{n}$ 维矢量.

用 Gauss 消去法解线性代数方程组, 其乘除运算量约为 $\dfrac{\bar{n}^3}{3}$ 次.

误差估计：

一种事先误差估计法,可以由

$$(A + \delta A)(X + \delta X) = f + \delta f$$

解出误差 δX 而得到. 式中 δA, δf 分别为 A 及 f 的误差.

假定 A 可逆,且 $\|\delta A\| < 1/\|A^{-1}\|$, 则可得(参见附录 (1))

$$\frac{\|\delta X\|}{\|X\|} \leqslant \frac{\mu}{1 - \mu \dfrac{\|\delta A\|}{\|A\|}} \left(\frac{\|\delta f\|}{\|f\|} + \frac{\|\delta A\|}{\|A\|} \right) \qquad (2\text{-}1)$$

其中, $\mu = \mu(A) = \|A^{-1}\| \|A\|$, 称为矩阵 A 的条件数.

如果 $\mu\|\delta A\|/\|A\| < 1$, 则 $\mu/(1 - \mu\|\delta A\|/\|A\|)$ 是一个有限的正数. 所以,只要 $\|\delta f\|$ 和 $\|\delta A\|$ 很小,就能使 $\|\delta X\|/\|X\|$ 很小. 因此,我们称这种情形为良态的.

由于 $\|A^{-1}\|$ 的计算是非常麻烦而不易求得,所以这一类事先的误差估计实用价值甚少.

另一种是残余量与事后误差估计法.

若 C 为 A^{-1} 之近似方阵, Y 为 $AX = f$ 的近似解, C 通常可由观察得到,则

残余矩阵 $R = AC - I$

残余矢量 $r = AY - f$

若 C 很接近 A^{-1}, 则 R 几乎是零矩阵, $\|R\|$ 的大小反映了 C 接近于 A^{-1} 的程度, $\|r\|$ 的大小反映了 Y 接近于 X 的程度.

若 $\|R\| < 1$, 则误差 $Y - X$ 有下列上界

$$\|Y - X\| \leqslant \|r\| \frac{\|C\|}{1 - \|R\|} \tag{2-2}$$

上式可证明如下:

因为

$$AY = r + f, \quad AX = f$$

所以

$$A(Y - X) = r$$
$$Y - X = A^{-1}r$$
$$\|Y - X\| \leqslant \|A^{-1}\| \|r\|$$

又因为

$$R = AC - I$$
$$A^{-1}R = C - A^{-1}$$
$$A^{-1} = C - A^{-1}R$$
$$\|A^{-1}\| \leqslant \|C\| + \|A^{-1}\| \|R\|$$
$$\|A^{-1}\|(1 - \|R\|) \leqslant \|C\|$$

所以,当 $\|R\| < 1$ 时,有

$$\|A^{-1}\| \leqslant \frac{\|C\|}{1 - \|R\|}$$

于是

$$\|Y - X\| \leqslant \|r\| \frac{\|C\|}{1 - \|R\|}$$

由于 C 是由我们自己给定的, 只要作一次矩阵乘法就可以求得 R, 所以此类事后误差估计可以从近似解获得, 因而具有实用价值, 但其计算往往很繁, 而且事后误差往往与选择近似于 A^{-1} 的矩

阵 C 的技巧有关.

当我们用 Gauss 消去法求解线性代数方程组 $AX = f$ 时,用什么方法可以使 μ 改变呢? 这就是设法改变消去 $\bar{n}$ 个未知量的次序,使 $\|A^{-1}\|$ 减小. 常用的方法是主元消去法,就是在消元时选取系数阵中绝对值最大的系数作为主元素. 也可以用高斯消去法的许多变形,这些方法有一定的效果,但效果并非显著.

当系数阵为对角阵、双对角阵或三对角阵时,可用 $\bar{n}$ 到 $5\bar{n}$ 次左右的运算量解出 X,有些特殊形式的方阵,如正定对称矩阵或成块状的方阵,也可以用特殊的办法以较少的运算量解出 X,但对于绝大多数的方阵,既不宜用 Gauss 消去法或其变形来处理,又无特殊有效的办法,因此往往需用迭代法来处理.

§2-2 迭 代 法

设线性方程组 $AX = f$,其中 A 的行列式 $\det A \neq 0$.

迭代法的基本原则是将 A 分解为两个部分

$$A = N - P$$

而 A, N, P 都是 $\bar{n} \times \bar{n}$ 阶矩阵. 设近似方程为

$$NX^{(\nu)} = PX^{(\nu-1)} + f$$

其中 $\nu = 1, 2, 3, \cdots\cdots$ 为迭代次数,且 $\det N \neq 0$. 为了使上面的近似方程容易求解,往往尽可能选取较简单的方阵 N. 由于选取 N 的方法可以不同,因而有种种不同的迭代方法.

将 P 写成 $P = N - A$,代入上面的近似方程,就得到

$$NX^{(\nu)} = NX^{(\nu-1)} - AX^{(\nu-1)} + f$$

$$N(X^{(\nu)} - X^{(\nu-1)}) = f - AX^{(\nu-1)}$$

若定义

$$M = N^{-1}P = N^{-1}(N - A) = I - N^{-1}A \qquad (2\text{-}3)$$

和误差

$$e^{(\nu)} = X^{(\nu)} - X \qquad (2\text{-}4)$$

$$NX^{(v)} = PX^{(v-1)} + f$$

及

$$NX = PX + f$$

可得

$$N(X^{(v)} - X) = P(X^{(v-1)} - X)$$
$$X^{(v)} - X = N^{-1}P(X^{(v-1)} - X)$$

所以

$$e^{(v)} = M e^{(v-1)}$$

因此

$$e^{(v)} = M e^{(v-1)} = M^2 e^{(v-2)} = \cdots = M^v e^{(0)}, \quad (2-5)$$

其中 $e^{(0)}$ 是初值 $X^{(0)}$ 的误差.

如果 $\|e^{(0)}\|$ 是有限的，而且当 $v \to +\infty$ 时，M^v 收敛于零矩阵，则当 $v \to +\infty$ 时，有

$$\|e^{(v)}\| \to 0$$

所以，对于有限的 $e^{(0)}$ 或 $X^{(0)}$，当且仅当矩阵 M 的谱半径 $\rho(M) < 1$ 时，有

$$X^{(v)} \to X$$

若需将初值的误差减少到 10^{-m}（m 是正整数，例 $m = 5$，即为 10^{-5}），则有

$$[\rho(M)]^v \leqslant 10^{-m}$$

两边同取对数，可得所需的迭代次数为

$$v \geqslant \frac{m}{\log \dfrac{1}{\rho}} = \frac{m}{R} \quad (2-6)$$

这里的对数是以 10 为底的，其中 $R = \log \dfrac{1}{R}$ 为收敛速度.

将 A 分裂为 N 和 P 两部分的方法很多，最简单的一种是 Jacobi 法. 取 $N_{ij} = A_{ij}$，若 $i = j$；而 $N_{ij} = 0$，若 $i \neq j$. 即取 N 为 A 的对角阵. 另一种是 Gauss-Seidel 法，取

$$N_{ij} = A_{ij}, \ 若 \ i \geqslant j$$
$$N_{ij} = 0, \ 若 \ i < j$$

即取 N 为 A 的下三角阵.

一般情况是, Gauss-Seidel 法比 Jacobi 法收敛速度要快一倍左右. 同时, Gauss-Seidel 法可以节省计算机的存贮容量, 因此较适合于在小型计算机上使用. 解决一般的椭圆型方程的边值问题, Gauss-Seidel 迭代法是普通应用的一种方法(一些其它型式的迭代方法可参考第三章).

显然, 对于 N 的各种不同选择, 所得到的迭代方法是不同的, 其形式是各式各样的.

§2-3 加 速 方 法

对于线性代数方程组的迭代求解, 有各种加速方法, 这里我们研究一般性的问题.

对于任何一种迭代方式: $A = N_0 - P_0$, 其 $M_0 = N_0^{-1}P_0$ 有 n 个特征值 $\lambda_i, i = 1, 2, \cdots, n$. 若加入一个或若干个参数 α, 可以得到一组迭代方式

$$A = N(\alpha) - P(\alpha)$$

其中 $N_0 = N(\alpha = 0)$. 于是与

$$M(\alpha) = N(\alpha)^{-1}P(\alpha)$$

相应的特征值和谱半径也就与 α 有关. 分别表示为 $\lambda_i(\alpha)$ 和 $\rho(M(\alpha))$. 为了使收敛加速, 我们希望能找到最佳的 $\alpha = \alpha^*$, "最佳"的意思是指这个 α^* 能使

$$\rho^* = \rho(M(\alpha^*)) = \min_{\alpha}\rho(M(\alpha)) \tag{2-7}$$

成立. 由于 ρ 最小就相应于收敛最快, 所以还可以说, 这个 α^* 是使得收敛速度 R 为最大,

$$R = R(\alpha^*) = \log\frac{1}{\rho(M(\alpha^*))} \tag{2-8}$$

如果 N_0 与 $N(\alpha)$ 已经选定, 如何确定 α^* 就是加速的主要问题. 当然, 对于不同的 N_0 或 $N(\alpha)$, 可能会导致很不同的 α^*, 这是由于一个扰动了的矩阵相对于原来的矩阵, 其扰动虽然很小, 而其特征值可能会引起很大的改变.

例：若我们选用线性关系 $N(\alpha) = (1+\alpha)N_0$，试研究其最佳参数 α^*.

由于

$$P(\alpha) = (1+\alpha)N_0 - A, \quad A = N_0 - P_0$$

所以

$$P(\alpha) = P_0 + \alpha N_0 \qquad (2\text{-}9)$$

如果 X 是矩阵 $M_0 = N_0^{-1}P_0$ 与特征值 $\lambda_i(0)$ 对应的特征矢量，即 $M_0 X = \lambda_i(0)X$ 或

$$N_0^{-1}P_0 X = \lambda_i(0)X$$

同样地处理

$$M(\alpha) = N(\alpha)^{-1}P(\alpha)$$

注意到 $N(\alpha)^{-1} = \dfrac{1}{(1+\alpha)}N_0^{-1}$ 与 $P(\alpha) = P_0 + \alpha N_0$，则得

$$M(\alpha)X = \frac{1}{1+\alpha}(N_0^{-1}P_0 + \alpha I)X = \frac{\lambda_i(0) + \alpha}{1+\alpha}X \quad (2\text{-}10)$$

所以 X 也是 $M(\alpha)$ 的特征矢量，即 $M(\alpha)$ 的特征矢量不变，其相应的特征值为

$$\lambda_i(\alpha) = \frac{\lambda_i(0) + \alpha}{1+\alpha} \qquad (2\text{-}11)$$

若 M_0 的特征值均为小于 1（或大于 1）的实数值，可以把它们按由小到大的次序排列起来，目的是选取 α^* 使迭代收敛得最快。

可以证明，最佳的 α 即 $\alpha^* = -\dfrac{\lambda_1 + \lambda_n}{2}$，其中 λ_1 与 λ_n 分别为最小及最大的 $\lambda_i(0)$，而相应的谱半径为

$$\rho^* = \frac{\lambda_n - \lambda_1}{2 - \lambda_1 - \lambda_n} < 1 \qquad (2\text{-}12)$$

在 M_0 的所有特征值均小于 1 的情形下，其原来的基本形式是收敛的；若所有特征值均大于 1 时，原来的基本形式是发散的。不管怎样，都可以用上述的加速方法使其收敛，而且可以找到最佳的加速方法。如果 λ_1，λ_n 为复数，在适当的条件下也可以找到 α^*。选择 α^* 带有很大技巧性。在一般的实际问题中，要确定它还是困难

的.

我们用例子阐明了关于加速方法的一般论述,所列举的加速方法,在实际工作中是常用的,其迭代格式几乎与原来一样.

在解线性代数方程组

$$AX = f$$

时,若取迭代格式为 $N_0 X^{(\nu)} = P_0 X^{(\nu-1)} + f$,则

$$X^{(\nu)} = M_0 X^{(\nu-1)} + g, \quad (\nu = 1, 2, \cdots\cdots)$$

其中 $M_0 = N_0^{-1} P_0$,$g = N_0^{-1} f$,如果我们引用了加速参数 α,其迭代格式将是

$$Y^{(\nu)} = M(\alpha) Y^{(\nu-1)} + N(\alpha)^{-1} f$$

其中 $N(\alpha)^{-1} f = \dfrac{1}{1+\alpha} N_0^{-1} f = \dfrac{1}{1+\alpha} g$. 由于

$$M(\alpha) Y^{(\nu-1)} + \frac{1}{1+\alpha} g$$

$$= \frac{1}{1+\alpha} N_0^{-1} (P_0 + \alpha N_0) Y^{(\nu-1)} + \frac{1}{1+\alpha} g$$

$$= \frac{\alpha}{1+\alpha} Y^{(\nu-1)} + \frac{1}{1+\alpha} (M_0 Y^{(\nu-1)} + g),$$

由此可知,上述迭代格式与下述格式相同

$$Y^{(\nu)} = \frac{\alpha}{1+\alpha} Y^{(\nu-1)} + \frac{1}{1+\alpha} Z^{(\nu)} \qquad (2\text{-}13)$$

其中

$$Z^{(\nu)} = M_0 Y^{(\nu-1)} + g$$

它为依原迭代格式所作出的第 ν 次迭代的结果. 在 (2-13) 中,我们引入了松弛因子 $\dfrac{1}{1+\alpha}$,这样,原结果与新结果用松弛因子平均一下再迭代,就作为新的迭代结果. 所以,$Y^{(\nu)}$ 可以看作是 $Y^{(\nu-1)}$ 与 $Z^{(\nu)}$ 的"平均值",α 为其相对的分配比例数. 显然,

当 $\alpha > 0$ 时,这种"平均"相当于内插法,$Y^{(\nu)}$ 就是 $Y^{(\nu-1)}$ 与 $Z^{(\nu)}$ 的内插值.

当 $\alpha < 0$ 且 $\alpha \neq -1$ 时,这种"平均"相当于外推法,$Y^{(\nu)}$ 就是

$Y^{(\nu-1)}$ 与 $Z^{(\nu)}$ 的外推值.

这种加速方法有一个优点,它对计算程序的影响很小,而且对排程序也是很方便的. 但对 α^* 的估计常常不是由简单分析方法所能找到的. 经验表明,用简单的等价的迭代方法是比较方便的,问题是用什么办法来找出这个最佳的加速参数 α^*. 在原关系中可以看到, ρ 与 α, $\lambda_i(\alpha)$ 有关,当然也就与 $M(\alpha)$ 有关. 换句话说,迭代方法收敛与否要涉及到很多方面,但特征值以及加速参数均与 f 无关,而仅与 $M(\alpha)$ 有关. 因此,我们建议依照下列途径以寻找 α^*:首先删去非齐次项,用计算的方法,通过 $AY = 0$ 的试验求解来确定 α^*. 这对任何加速方法都是成立的. 不仅限于上面所列举的那种引用了松弛因子的例子. 现在我们仅就齐次方程组

$$AY = 0, \quad \det A \neq 0$$

来讨论. 假定由任何一个初值开始,若迭代方法收敛,最后就应得到零解. 那么不论依什么样的范数,应有 $\|Y^{(\nu)}\| \to 0$. 引入一个加速参数后,希望能收到相应的加速效果. 这当然需要一定的工作依据及相应的求解过程. 但试算过一些加速参数后,由计算结果就可以决定 α^*,然后将它用于非齐次方程的实际问题中. 这样做常常是有效的.

在实际计算中决定 α^* 可采取两种不同的手段: 一种是在同样精确结果的含义下,用各种不同的加速参数 α 解 $AX = 0$,用同样的初值达到 $\|Y\| \leqslant 10^{-m}$,用各种不同的加速参数 α 进行计算必然需要经过不同的迭代次数 ν,我们选择与最少迭代次数 ν^* 相对应的 α^*(或者对 $\nu(\alpha)$ 的变化作相当的内外插估计). 另外一种,也可按同一迭代计算次数,不同的 α 计算的结果有不同的 $\|y\|$,选择 $\|Y\|$ 最小的 α 为 α^*. 这是两种不同的选择 α^* 的方法. 由于所采用的方式不同,所得到的 α^* 也可能不同,但经验表明, α^* 的少许差异,对于解代数方程基本上没有多大影响(但用差分法解偏微分方程可能导致较大的偏差).

在 $N(\alpha)$ 与 N_0 关系中,参数 α 并不一定是线性的或是显式

的，也可能为隐式的．根据需要，α 也可以随迭代的次数 ν 而改变．在历次迭代中，方阵 A 的基本分裂型式也可以随迭代次数 ν 而变，不一定要周期性的改变．迭代与加速的方式有很多种．

究竟哪种迭代方法最好？哪种加速方法最好？即所谓"最佳迭代方式"问题．它依不同的矩阵，不同的实际问题而异，即使是同一方阵 A，所谓"最佳迭代方式"也是含义不一的．比如用某一种原基本迭代格式获得了最佳加速方式，其成效未必能比另一种原基本迭代格式好．而且原基本格式的加速方式又有很多种，故难以断定所用的加速方法一定优于其它的加速方法．参数有几个好也难于断定，因此所谓"最佳迭代方式"及"最佳加速方法"应视具体问题而定．需要强调的是计算结果的精度与达到这精度的计算量．对于处理大型问题来说，应该仔细地处理及选择基本迭代格式与加速方法．如果要计算大量同类的问题（例如由同一个 A 而许多不同的 f 构成的方程式）．则在解每一个问题上节省少量的时间，可以在许多问题上节省很多时间，就值得我们用比较复杂的程序与加速方法．反之则不必过份计较方法．在不同的机器上所使用的加速方法也很可能有所不同．就计算程序来说，有时与其研究加速方式，倒不如研究程序编制的技巧更为有效．也可能从事计算分析的同搞实际应用的对最佳迭代方式所持见解含义不尽一致．诸如这些方面，势必给"最佳"这一概念带来不确定性．尽管如此，在计算一个大型问题或处理一个具体问题时，我们应有一个具体概念，就是对"最佳"要有一个全局观点，根据具体情况，抓住关键，才能使计算最经济．

§2-4 非线性代数方程组
$F(X) = 0$ 的解法原理

设 F 和 X 均为 $\bar{n}$ 维矢量．为便于迭代求解，常用"点式"

$$X^{(\nu+1)} = G(X^{(\nu)}) \tag{2-14}$$

进行，式中 G 为算子，上标 ν，$\nu+1$，$\cdots\cdots$表示第 ν，$\nu+1$，$\cdots\cdots$ 次迭代值．令 $X^{(0)}$ 为适当的初值．这种迭代可以看作是这样一种

映射：$G(X)$ 是将有界闭集 S 变换到自身的一种映射.

如果对于某种范数,有

$$\|G(X) - G(Y)\| \leqslant M\|X - Y\| \qquad (2\text{-}15)$$

(例如 X 为 $X^{(\nu)}$, Y 为 $X^{(\nu+1)}$) 而 Lipschitz 常数 $M < 1$, 对于所有 X, $Y \in S$ 都成立, 则这种映射称为收缩映射. 这种迭代格式将导致一个收敛的序列,这种迭代方法称为 Picard 迭代法或函数迭代法. 从数学上讲,欲求得 $F(X) = 0$ 的解,G 算子不能随便取,应取为收缩的算子. 如果能证明 G 为收缩映射,那么这个序列收敛于唯一的定点 $\bar{a}$ ($\bar{a} \in S$), 且

$$\bar{a} = G(\bar{a}) \qquad (2\text{-}16)$$

表面上看来,如果能找到这样一收缩映射,用 Picard 法迭代就能得到唯一的定点,问题即告解决,但实际上还存在另外的问题,一个非线性方程往往有许多解,那么所得出的这个定点对应于哪个解呢? 完全有可能所得到的解不是所要求的物理上的解. 关键在于域的选择. 在计算实际物理问题时,必须将初值选得足够接近物理问题所需的解点. 因此我们对实际问题的解要有一定的预先估计,当确定这种初值以后,以它为中心取一球域作为 S, 在这球域 S 中期望包含一个唯一的解,这样在域 S 内求得的解就是这一个唯一的、实际物理问题所要求的解. 但是当非线性方程有两个解彼此很接近时,初值与球域 S 的选取将比较困难. 如果非线性方程的解是重根,那就更困难. 若事先有可能知道两个解很接近,尚可想法处理. 这就是用 Picard 法解非线性方程的缺陷.

Picard 迭代法对实数或复数均适用,只是后一种情况下需用复数运算. 使用 Picard 迭代法时必须慎重选择初值. 如果初值 $X^{(0)}$ 选得与真解 $\bar{a}$ 比较接近,则迭代收敛,否则可能发散. 目前还没有选择初值的一般方法以保证 Picard 迭代法一定收敛. 在解实际物理问题时,往往要求我们能对所要求的解有一个大致的估计,有时也可根据有限的实验结果来推测初值 $X^{(0)}$, 然后再用 Picard 迭代法来改进解的精度.

一般情况下,收敛较快的方法(高阶精度的格式)要求有较精

确的初值才能收敛，因此在解决实际问题时宜于先用简单的格式来改进初值，然后用高阶精度格式来改进解，这样做通常不需要多次高阶精度的迭代就可得到适当精度的解．但是，如果一开始就用高阶精度的迭代格式，由此作出的迭代序列往往不收敛．

下面考虑一维情况．

当近似解 $X^{(v)}$ 接近真解 $\bar{a}$ 时，Lipschitz 常数 M 可以用中值定理来估计(一阶方法)：

$$M \cong \lambda = |G'(\bar{a})| \qquad (2\text{-}17)$$

λ 称为渐近收敛因子，$G'(\bar{a})$ 是 $G(\bar{a})$ 的一阶导数．虽然 $G'(\bar{a})$ 是未知的，但是由于 $X^{(v)}$ 接近真解 $\bar{a}$，可以用 $G'(X^{(v)})$ 代替 $G'(\bar{a})$．

若 $1 > \lambda > 0$，且 $G'(\bar{a}) > 0$，则迭代序列的收敛是单调的；

若 $1 > \lambda > 0$，且 $G'(\bar{a}) < 0$，则迭代序列的收敛是波动的．

所谓"渐近收敛因子"，系指 λ 这个因子仅当 $X^{(v)}$ 接近 $\bar{a}$ 时才是可用的．和线性情况一样，收敛速度 $R = \log \dfrac{1}{\lambda}$，所以，使精度达到 10^{-m} 所需要的迭代次数应为 $v(10^{-m}) = \dfrac{m}{R}$，由于误差 $e_v = X^{(v)} - \bar{a}$，则

$$\begin{aligned} \|e_{v+1} - e_v\| &= \|X^{(v+1)} - X^{(v)}\| \\ &= \|G(X^{(v)}) - G(X^{(v-1)})\| \\ &\leqslant M\|X^{(v)} - X^{(v-1)}\| \end{aligned} \qquad (2\text{-}18)$$

这里研究的是非线性问题，将非线性方程写成 Picard 迭代形式后，处理问题的方式实际上是和线性问题相似的．

若计算 $G(X^{(v)})$ 时含有误差 δ_v（如舍入误差）并且对所有 v 都有 $|\delta_v| \leqslant \delta$，初值 $X^{(0)}$ 的误差 $|\bar{a} - X^{(0)}| \leqslant \rho_0$，则（见附录 (2)）

$$|e_v| = |\bar{a} - X^{(v)}| \leqslant \frac{\delta}{1 - \lambda} + \lambda^v \rho_0 \qquad (2\text{-}19)$$

此式右端第一项是计算过程中误差的积累，第二项是由初值引起的误差经 v 次迭代后的扩张．若 $\lim\limits_{v \to \infty} \lambda^v = 0$，则当 v 充分大

时，右端接近 $\dfrac{\delta}{1-\lambda}$. 注意 $\dfrac{\delta}{1-\lambda}$ 是与迭代次数 ν 无关的常数，所以无论 ν 增加多大，误差不会小于 $\dfrac{\delta}{1-\lambda}$，因此迭代次数过多并不导致提高解的精度，故无必要，只要将 ν 选择充分大，使 $\lambda^{\nu}\rho_0 \cong \dfrac{\delta}{1-\lambda}$ 即可. 由以上分析可知 δ 的重要性，一般情况下 λ 不会比 1 小，所以减小 δ 对减少误差能直接见效. 但对不同的计算方法，δ 有很大不同，需区别考虑.

若实际问题允许的误差可远大于 $\dfrac{\delta}{1-\lambda}$ 时，可以用

$$\nu(10^{-m}) = \frac{m}{R} = \frac{m}{\log\dfrac{1}{\lambda}} \qquad (2\text{-}20)$$

估计要求解的精度达到 10^{-m} 所需的迭代次数. 若实际问题允许的误差与 $\dfrac{\delta}{1-\lambda}$ 相差无几，而 λ, δ, ρ_0 都可以适当估计出来，则迭代次数 ν 可用 $\lambda^{\nu}\rho_0 \cong \dfrac{\delta}{1-\lambda}$ 来确定，于是，由上式两边同取对数可得

$$\nu \cong \log\left[\frac{\delta}{(1-\lambda)\rho_0}\right]\Big/\log\lambda = \log\left[\frac{(1-\lambda)\rho_0}{\delta}\right]\Big/\log\frac{1}{\lambda}$$
$$(2\text{-}21)$$

上式中 $\lambda = |G'(\bar{a})|$，而 $\bar{a}$ 是未知的，因此上述估计是近似的. 在上面的推导中，我们曾假定 $G'(\bar{a})$ 远大于 $G''(\bar{a})(X-\bar{a})/2$ 等项，而略去后者，因此上述近似式只适用于在初值 $X^{(0)}$ 接近于 $\bar{a}$，使 $|X^{(0)}-\bar{a}| = \rho_0$ 足够小的情况用. 如果 ρ_0 不够小，非但上述估计的迭代次数不可用，而且 Picard 迭代方法也可能发散.

如果 $G'(\bar{a}) = 0$，则 Lipschitz 常数 M 可以估计成 $M \cong |G''(\bar{a})/2|$，如果 $G''(\bar{a})$ 也等于零，可以用更高阶导数来估计. 当 $G'(\bar{a}) = 0$ 而 $G''(\bar{a}) \neq 0$ 的情况下(见附录(3))有

$$|X^{(\nu)}-\bar{a}| \leqslant (M|X^{(0)}-\bar{a}|)^{2^{\nu}-1}|X^{(0)}-\bar{a}| \qquad (2\text{-}22)$$

若 $|M(X^{(0)}-\bar{a})| < 1$，这种二阶 Picard 迭代法收敛很快.

为使初值引起的误差减少到小于 10^{-m}, 必须

$$(M|X^{(0)} - \bar{a}|)^{2^{\nu-1}} \cong 10^{-m} \qquad (2\text{-}23)$$

两边同取对数, 可得

$$2^\nu = \cfrac{m}{\log \cfrac{1}{M|X^{(0)} - \bar{a}|}} + 1 \qquad (2\text{-}24)$$

解出 ν, 即得

$$\nu(10^{-m}) \cong \frac{1}{\log 2} \log \left(\left| \cfrac{m}{\log \cfrac{1}{M|X^{(0)} - \bar{a}|}} + 1 \right| \right) \qquad (2\text{-}25)$$

如果把一阶方法的 $G'(\bar{a})$ 看作 $M(X^{(0)} - \bar{a})$, 并注意到 (2-20) 式及 (2-24) 式, 又若 $\nu(1)$ 和 $\nu(2)$ 分别为用一阶精度格式和二阶精度格式使精度达到 10^{-m} 时所需的迭代次数, 则下述关系成立

$$2^{\nu(2)} = 1 + \nu(1) \qquad (2\text{-}26)$$

大约估算 130 次一阶迭代的效果相当于 7 次二阶迭代的效果. 使用二阶迭代收敛速度快, 但程序较复杂而且初值的选择很困难. 二阶迭代法的适用性要根据具体问题来决定. 也可以采取一种混合的法则, 即开始时用一阶迭代, 当迭代计算结果相当接近于真解时, 然后改用二阶迭代. 至于何时开始用二阶迭代, 需要在计算中试验. 使用二阶迭代的另一优点, 就是迭代几次后, 其准确的小数位数可因每次迭代而加倍.

§2-5　非线性方程解法举例

为求一非线性方程 $f(x) = 0$ 在定义区间 $a \leqslant x \leqslant b$ 的解, 它的迭代格式可有以下两种:

(1) 　　　　$x = g(x) \equiv x - \phi(x)f(x)$ 　　　　(2-27)

其中 $\phi(x)$ 是在区间 $a \leqslant x \leqslant b$ 上满足条件 $0 < |\phi(x)| < \infty$ 的任意函数, 由于在 $[a, b]$ 上 $\phi(x) \neq 0$, 所以 (2-27) 式与 $f(x) = 0$ 等价. 满足上述条件的 $\phi(x)$ 有无穷多个, 因此这种迭代格式也有无穷多的选择.

(2) 　　　　$x = g(x) \equiv x - \Phi(f(x))$ 　　　　(2-28)

其中 $\Phi(y)$ 是满足 $\Phi(0) = 0$，并且当 $y \neq 0$ 时 $\Phi(y) \neq 0$ 的任意函数，显然 (2-28) 式也与方程 $f(x) = 0$ 等价。满足上述条件的 $\Phi(y)$ 也有无穷多个。这种格式适宜于作为高阶精度的迭代格式。下面介绍几种具体的迭代格式。

（1）弦位法（一阶精度迭代格式）

上述第 (1) 种迭代格式中，最简单的形式为将 $\phi(x)$ 取成常数 m，如果 $\phi(x) = m \neq 0$，显然满足第一种格式 $\phi(x)$ 所应满足的条件，此时 $g'(x) = 1 - mf'(x)$ 收敛性要求渐近收敛因子 λ 满足 $1 > \lambda > 0 (\lambda = |g'(x)|)$ 故得

$$0 < mf'(\bar{a}) < 2 \qquad (2\text{-}29)$$

这时迭代格式可写成

$$x^{(\nu+1)} = x^{(\nu)} - mf(x^{(\nu)}) \qquad (2\text{-}30)$$

每次迭代的收敛过程见图 (2-1)。

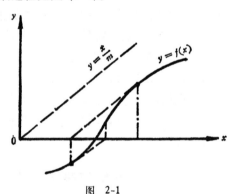

图　2-1

（2）Newton 法（二阶精度迭代格式）

如果 $f'(x) \neq 0$，并且 $f''(x)$ 存在，若在弦位法中令 $m = \dfrac{1}{f'(x^{(\nu)})}$，迭代格式将变成

$$x^{(\nu+1)} = x^{(\nu)} - \frac{f(x^{(\nu)})}{f'(x^{(\nu)})} \qquad (2\text{-}31)$$

这就是 Newton 法，是具有二阶精度的迭代格式，收敛速度比弦位法约高一倍。但弦位法中只需算 $f(x)$ 的值，Newton 法却需算

$f(x)$ 和 $f'(x)$ 的值，Newton 法的收敛速度虽快一倍，然而 $f'(x^{(\nu)})$ 的计算往往比 $f(x^{(\nu)})$ 复杂，计算量在两倍以上。因此为使解达到同一精度，分别用二者去计算，所需计算量相差无几。弦位法的收敛范围较宽，所以常常在开始时用弦位法，当接近真解时弦位法实际上又接近于 Newton 法，所以没有必要用 Newton 法代替弦位法。

应用 Newton 法时，$f'(x)$ 不易直接计算，有时 $f'(x)$ 须由隐函数形式求出。若 $f'(x)$ 在区间 $[a, b]$ 内存在零值，且不在所求根处时，Newton 法就失效。若在根处，$f'(x)$ 为零，即有重根情况，假想 $f(x) = (x - \bar{a})^p \cdot h(x)$，$p > 1$ 是重根的次数，其中 $h(\bar{a}) \doteq 0$ 并且 $h(x)$ 有二阶导数，在这种情况下，渐近收敛因子 $|g'(\bar{a})| = 1 - \dfrac{1}{p}$。故当 $p = 1$ 时 Newton 法为二阶，但在多重根的情况下，$p > 1$，Newton 法变为一阶精度，如果 p 为已知或者可以估计出来，则用

$$g(x) = x - p \frac{f(x)}{f'(x)} \qquad (2\text{-}32)$$

可得到二阶精度的 Newton 法。

（3）试位法（也称插值法，一阶精度迭代格式）

在 Newton 法中 $x^{(\nu+1)} = x^{(\nu)} - \dfrac{f(x^{(\nu)})}{f'(x^{(\nu)})}$，$f'(x^{(\nu)})$ 可用已知的迭代值来估计，如仅用 $x^{(\nu)}$, $x^{(\nu+1)}$ 来估计，可用

$$x^{(\nu+1)} = x^{(\nu)} - f(x^{(\nu)}) \frac{x^{(\nu)} - x^{(\nu-1)}}{f(x^{(\nu)}) - f(x^{(\nu-1)})} \qquad (2\text{-}33)$$

这样可以避免计算 $f'(x^{(\nu)})$，在每次迭代时仅需计算一个 $f(x^{(\nu)})$，但需要 $x^{(\nu)}$ 与 $x^{(\nu-1)}$ 两组初值，因此计算机的存贮量要增加，每步迭代可减低误差 1.62 倍（设弦位法为 1，Newton 法为 2），每二步可以减低误差 $(1.62)^2 \approx 2.5$ 倍，所需的计算量比 Newton 法小。在矢量的 Picard 迭代情况下，这个问题尤为严重。

上述迭代法的几何解释如图（2-2）所示，$x^{(\nu+1)}$ 为 $x^{(\nu)}$ 与 $x^{(\nu-1)}$ 之内插值，如果 $f(x^{(\nu)})$ 与 $f(x^{(\nu-1)})$ 同号，则 $x^{(\nu+1)}$ 将为外插值。原则上，估计 $f'(x^{(\nu)})$ 不一定非用 $f(x^{(\nu)})$ 与 $f(x^{(\nu-1)})$ 不可，也可用

$f(x^{(0)})$ 代替 $f(x^{(\nu-1)})$，如果 $x^{(0)}$ 估计比较准确，这种方法可以避免许多麻烦问题，例如当 $f'(\bar{a}) = 0$ 时仍可以应用. 当然可以用更多点 $x^{(\nu)}$, $x^{(\nu-1)}$, $x^{(\nu-2)}$, $\cdots$ 的已知迭代值来估计 $f'(x^{(\nu)})$，但使得存贮量增加很多，而且精度也不一定因而得以改善. 当 $f(x^{(\nu-1)})$ 与 $f(x^{(\nu)})$ 同号时，由 (2-33) 式知这种插值是外插，虽然外插的精度不一定差，但人们习惯于用内插，所以经常用最邻近的异号的 $f(x^{(\nu-k)})$ 与 $f(x^{(\nu)})$ 来内插，这样可以显示出 α 的上限与下限. 不过对某一类函数，有时可能找不到这种异号的 $f(x^{(\nu-k)})$，这种方法就不适用. 使用这种办法需要记录以前的许多迭代值，还要加进符号检验程序，逐个检验符号，工作量及存贮量都大幅度增加，因此，这个方法不能扩充到多维情况。

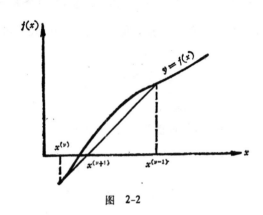

图 2-2

（4）加速法（Aitkin δ^2 方法，任意阶精度迭代格式）

如果 $x^{(\nu)}$ 为一近似解，先计算 $\hat{x}^{(\nu+1)} = g(x^{(\nu)})$，并令

$$e_\nu = g(x^{(\nu)}) - x^{(\nu)} = \hat{x}^{(\nu+1)} - x^{(\nu)} \tag{2-34}$$

$$\hat{e}_{\nu+1} = g(\hat{x}^{(\nu+1)}) - \hat{x}^{(\nu+1)} \tag{2-35}$$

如果 e_ν 为零，则无需继续迭代，否则可用 e_ν 与 $\hat{e}_{\nu+1}$ 线性外推到零的办法来估计 $x^{(\nu+1)}$，亦即

$$x^{(\nu+1)} = \frac{x^{(\nu)}\hat{e}_{\nu+1} - \hat{x}^{(\nu+1)}e_\nu}{\hat{e}_{\nu+1} - e_\nu} \equiv G(x^{(\nu)}) \tag{2-36}$$

如将 (2-34) 及 (2-35) 式代入 (2-36) 式，立即可得到

$$G(x^{(v)}) = \frac{x^{(v)}g(g(x^{(v)})) - g^2(x^{(v)})}{g(g(x^{(v)})) - 2g(x^{(v)}) + x^{(v)}} \qquad (2\text{-}37)$$

实际计算时可用式

$$x^{(v+1)} = x^{(v)} - \frac{e_v^2}{e_{v+1} - e_v} \qquad (2\text{-}38)$$

由于上式需要运算平方项，故称这种方法为 δ^2 加速法，由 Aitkin 首先提出.

δ^2 加速法的精度比普通的迭代格式高，而且此法适用于有重根的情况，只要原方程 $f(x) = 0$ 在此区域内有解，不论重根数目多少，这个方法在适当的初始条件下都可应用. 它在计算上不比 Newton 法困难，程序亦不必作重大改动.

这个方法的缺点是 $e_v^2/(e_{v+1} - e_v)$ 的分子分母项都是微量，而其分母又为两个微量之差，计算时要注意精度. 对一些发散的基本格式应用此方法有时也会导致收敛的结果，但若不注意精度，也可能导致失败的结果.

这种方法可以视为第二种迭代格式 $x = x - \Phi(f(x))$ 的一个例子.

§2-6 非线性方程组的 Picard 迭代法

以上所述是 x 为一维的情况，如果 x 为 $\bar{n}$ 维矢量，$g(x)$ 则为 $\bar{n}$ 维矢量函数，函数可以是线性的或是非线性的，只要函数中有一个是非线性的，则 $x = g(x)$ 就是具有 $\bar{n}$ 个方程与 $\bar{n}$ 个未知函数的非线性方程组，它的 Picard 迭代形式为 $x^{(v+1)} = g(x^{(v)})$，$v = 0$，$1，2，\cdots\cdots$，如果用范数 $\|\cdot\|$ 代替绝对值 $|\cdot|$，则 §2-4 中所述有关非线性方程的理论结果，对非线性方程组均大致成立，其证明当然更为困难，而条件也更难满足，例如矢量函数的 Lipschitz 连续就比标量形式更为复杂，要把绝对值换成某一范数也将产生不少问题. 其优点是，有许多范数可用，例如可以选一个适当的范数，使得相当于弦位法与 Newton 法中对一阶导数的要求变成

$$\left| \frac{\partial g_i(x)}{\partial x_i} \right| \leqslant \frac{\lambda}{\bar{n}}, \lambda < 1, i, j = 1, \cdots, \bar{n} \qquad (2\text{-}39)$$

由于维数 $\bar{n}$ 可能很大,这个要求是严格的.

二阶导数则变成张量函数 $\dfrac{\partial^2 g_i}{\partial x_i \partial x_k}$ 的形式,式子变复杂了,而实质并未改变. 迭代式

$$g(x) = x - \phi(x)f(x) \tag{2-40}$$

变成

$$g(x) = x - A(x)f(x) \tag{2-41}$$

其中 A 是元素为 $a_{ij}(x)$ 的 $\bar{n} \times \bar{n}$ 正定矩阵,$f(x)$ 是分量为 $f_1(x)$,……,$f_{\bar{n}}(x)$ 的矢量函数. 最简单的 $A(x)$ 可以选择成常数方阵,它相当于前面的弦位法. 设 $J(x)$ 是 $f(x)$ 的 Jacobi 矩阵,

$$J(x) = \left(\frac{\partial f_i(x)}{\partial x_j} \right) \tag{2-42}$$

它的行列式为 $f(x)$ 的 Jacobi 行列式,应不等于零,若取 $A(x) = J^{-1}(x)$,则相当于 Newton 法的迭代格式,有

$$x^{(\nu+1)} = x^{(\nu)} - J^{-1}(x^{(\nu)})f(x^{(\nu)}) \tag{2-43}$$

但是找 Jacobi 矩阵的逆阵很麻烦,实用上有很大困难,Newton 法的几何性质依然存在,只是切线变成切面,它的困难情况也类似,其收敛条件为

(1) $\|J^{-1}\| \leqslant a$ $\tag{2-44}$

(2) $\|x^{(1)} - x^{(0)}\| \leqslant b$ $\tag{2-45}$

(3) $\displaystyle\sum_{k=1}^{\bar{n}} \left| \frac{\partial^2 f_i}{\partial x_i \partial x_k} \right| \leqslant \frac{c}{n}$ $\tag{2-46}$

且

(4) $abc \leqslant \dfrac{1}{2}$ $\tag{2-47}$

其精确度普通为二阶.

其它方法虽然原则上也可以推广到 $\bar{n}$ 维,但更困难. 以内插法为例,相当于 Newton 法中所用的张量在 $\bar{n}$ 维空间插值,非常复杂. 弦位法较为简单容易,但收敛情况不一定好,需要加速.

非线性方程组迭代解法的收敛性往往可用下述加速法改进,

此法采用一组松弛参数．设 $x^{(0)}$ 已知，使用松弛参数将基本迭代式换成

$$x^{(\nu+1)} = \Theta g(x^{(\nu)}) + (I - \Theta)x^{(\nu)} \tag{2-48}$$

其中 Θ 为对角阵，而 $\det\Theta = \theta_1\theta_2, \cdots, \theta_n \doteq 0$，亦即

$$x_i^{(\nu+1)} = \theta_i g_i(x^{(\nu)}) + (1 - \theta_i)x_i^{(\nu)}, \ 1 \leqslant i \leqslant n \tag{2-49}$$

这种迭代运算与原式（指不加速）无甚差异，如果 θ_i 选择适当，收敛速度可以高于原迭代格式的收敛速度，甚至有时可把按原格式不收敛的情况变成收敛的情况．

如果在以解 $x = \bar{a}$ 为中心，ρ 为半径的球 $\|x - \bar{a}\| \leqslant \rho$ 中，所有的 $g_{ij} = \dfrac{\partial g_i}{\partial x_j}$ 均连续而且适合下列条件

$$|1 - g_{ii}(x)| > \sum_{j \neq i} |g_{ij}(x)|, \ 1 \leqslant i \leqslant \bar{n} \tag{2-50}$$

则在适当 θ_i 加速下，收敛性可以证明，而且所谓最佳的 θ_i 有时可以大致予以估计．许多实际问题最佳的 θ_i 往往是存在的，但计算 θ_i 的公式使用很不方便，$g_{ij}(x)$ 的计算又很费时间，所以实际工作者宁愿用实验的办法来寻求 θ_i．由于参数很多，寻找 θ_i 是困难的，目前尚没有一般的有效方法．

上述方法理论上成立．照之执行却很麻烦，下面一些方法执行起来比较简单，往往有效，但不能保证一定有效．这些方法是：

（1）局部线性化方法，采用下述迭代式

$$L_1(x^{(\nu+1)}) = L_1(x^{(\nu)}) - A(x^{(\nu)}) \cdot f(x^{(\nu)}) \tag{2-51}$$

其中 L_1 是 $f(x)$ 的某种线性化近似式．这种 L_1 有很多，我们希望选定的 L_1 能够很容易求逆．

（2）Newton-Raphson 方法

这种方法相当于普通的平方根方法的推广，在 $f(x)$ 中，x^2 项或类似项用 $x^{(\nu+1)} = \dfrac{1}{2}\left(x^{(\nu)} + \dfrac{\bar{N}}{x^{(\nu)}}\right)$ 来迭代，这里 $\bar{N}$ 是经过选择的适当常数．

（3）构造方程组的汛函数，将求解联立方程组的问题变成求

某一函数的极小值. 例如求解方程组为 $F_1(x) = 0$, $F_2(x) = 0$, $\cdots\cdots$, $F_n(x) = 0$, 可以归结为求 $F_1^2(x) + F_2^2(x) + \cdots\cdots + F_n^2(x)$ 这一汛数的极小值问题.

解非线性方程组的问题,很难评价哪个方法最好,同样的方法在一种情况下有效,在另外一种情况下不一定仍然有效,往往不大的改变就使一个方法从有效变成无效. 非线性方程组迄今还没有标准的解法.

第三章 椭圆型方程

§3-1 有限差分处理

当微分方程化为差分方程并用数值计算方法求解时，对不同类型的微分方程处理方法各异，必须根据微分方程的类型讨论方法。微分方程一般分为：椭圆型方程（例如 Laplace 方程及 Poisson 方程）、抛物型方程（例如热传导方程）、双曲型方程（例如波动方程）。对于一定类型的方程，只有在一定的、适当的边界条件下才是适定的。例如椭圆型方程，Dirichlet 问题（闭域边界上函数值给定）才是适定的，Neumann 问题（闭域边界上函数的一次导数值给定）是部分适定的。一部分边界上给定函数值，另一部分边界上给定函数的一次导数值也是适定的。但如边界上同时给出函数值及其导数值，这样的 Cauchy 问题对椭圆型方程就是不适定的。抛物型方程和双曲型方程也有各自的适定的边界条件。

流体力学问题的微分方程更加复杂，一般是混合型的。例如在超音速流动中，在远离固体边界处流动呈波动特性，方程是双曲型的。在近固体边壁处，由于粘性影响较大，当边界层无分离现象时，方程是抛物型的。而当边界层有分离时，在分离区，方程为椭圆型的。又如在定常的跨音速流动中，在超音速的一面，方程是双曲型，在亚音速的一面则却是椭圆型的。在流体力学中，微分方程改变其类型的分界面，不是已知的，这使得分界面上接合条件的处理往往很复杂而困难。因此，用数值计算方法求解这种复杂的流体力学问题时，往往遇到许多新的困难。这种新的困难不是在解标准形式的方程中所曾遇到的。

下面分别叙述这三种标准类型的方程的处理方法。本章研究椭圆型方程的标准型式。

Laplace 微分算子为

$$L = \frac{\partial^2}{\partial x^2} + \frac{\partial^2}{\partial y^2}, \qquad \forall x, \qquad y \in D$$

Poisson 方程为

$$Lu(x, y) = -f(x, y) \qquad (3\text{-}1)$$

右端函数等于零时 (3-1) 式即为 Laplace 方程. 边界条件为

$$u(x, y) = g(x, y), \quad \forall x, \quad y \in \delta D$$

其中 D 是边界为 δD 的有界闭域，$g(x, y)$ 为边界上的已知函数. 为简便起见，用均等的 Δx 及均等的 Δy 将 D 离散成为 D_Δ. 用中心差分将 (3-1) 式左端项离散后得

$$L_\Delta U(x, y) = U_{x\bar{x}} + U_{y\bar{y}} \qquad (3\text{-}2)$$

对域内各点 $U_{jk} = U(j\Delta x, k\Delta y)$ 导出下列差分式

$$L_\Delta U_{jk} = \frac{U_{j+1,k} - 2U_{j,k} + U_{j-1,k}}{\Delta x^2}$$

$$+ \frac{U_{j,k+1} - 2U_{j,k} + U_{j,k-1}}{\Delta y^2} \qquad (3\text{-}3)$$

式中 L_Δ 表示 Laplace 算子的差分格式，下标 j, k 表示点的位置. 下标 x (或 y) 表示前差，$\bar{x}$ (或 $\bar{y}$) 表示后差. $U_{x\bar{x}}$ (或 $U_{y\bar{y}}$) 表示

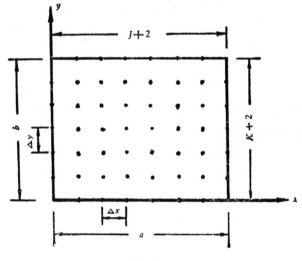

图 3-1

二阶中心差分. 因此 (3-1) 式的差分问题为

$$L_\Delta U(x, y) = -f(x, y), \quad \forall x, y \in D_\Delta \qquad (3-4)$$

及 $U(x, y) = g(x, y), \quad \forall x, y \in \delta D_\Delta$

假定 D 为一矩形域 (a, b). 分成等间距网格,则

$$a = (J + 1)\Delta x, \quad b = (K + 1)\Delta y$$

Δx 及 Δy 为 x, y 方向的间距大小. 共有内点 $J \times K$ 个,边界点 $2(J + K + 2)$ 个. 对每个内点可列一个差分方程 (3-4) 式,故共有 $J \times K$ 个差分方程,可解 $J \times K$ 个未知量(所有内点之 U 值),若将未知量及非齐次项写为矩阵形式,则

$$U^T = (U_1, U_2, \cdots U_K) = (U_{11}, U_{21}, \cdots U_{JK})$$

式中 $U_1 = (U_{11}, U_{21}, \cdots U_{J1})$, $U_2 = (U_{12}, U_{22}, \cdots U_{J2}) \cdots \cdots$ 及 $F^T = (F_1, F_2, \cdots \cdots F_K)$, F 中包括了已知边界值. 则差分方程组为

$$AU = \delta^2 F \qquad (3-5)$$

式中

$$\delta^2 = \frac{(\Delta x)^2 (\Delta y)^2}{2[(\Delta x)^2 + (\Delta y)^2]}$$

为了分析上的方便,矩阵 A 可以写成如下形式(见附录 (4))

$$A = I - H - V \qquad (3-6)$$

其中 $I = (\delta_{ij})$, $i = j$ 时, $\delta_{ij} = 1$; $i \neq j$ 时, $\delta_{ij} = 0$. $H = \theta_x(\bar{L} + \bar{L}^T)$, $V = \theta_y(B + B^T)$. 这里

$$\theta_x = \frac{\delta^2}{\Delta y^2}, \qquad \theta_y = \frac{\delta^2}{\Delta x^2}$$

$$\bar{L} = \begin{bmatrix} L_J & & & 0 \\ & L_J & & \\ & & L_J & \\ & & & \ddots \\ 0 & & & \end{bmatrix} \qquad B = \begin{bmatrix} 0 & & & \\ & 0 & & 0 \\ L_J & & 0 & \\ & L_J & & \ddots \\ & & \ddots & \end{bmatrix}$$

其中

$$L_J = \begin{bmatrix} 0 & & & & \\ & 0 & & 0 & \\ 1 & & \ddots & & \ddots \\ & 1 & & \ddots & \\ 0 & & \ddots & & \end{bmatrix} \tag{3-7}$$

式中 I 为么阵，$\bar{L}^T$ 及 B^T 分别为矩阵 $\bar{L}$ 及 B 的转置矩阵. 这类差分方程组解的存在和唯一性可根据下列极大极小定理得到（这里不予证明）.

定理 1：如果定义在 D_Δ 及 δD_Δ（差分域 D_Δ 及其边界 δD_Δ）上的网格函数 $V(x, y)$ 满足

$$L_\Delta V(x, y) \geqslant 0, \quad \forall x, \quad y \in D_\Delta$$

则

$$\max_{D_\Delta} V(x, y) \leqslant \max_{\delta D_\Delta} V(x, y) \tag{3-8}$$

如果

$$L_\Delta V(x, y) \leqslant 0, \quad \forall x, \quad y \in D_\Delta$$

则

$$\min_{D_\Delta} V(x, y) \geqslant \min_{\delta D_\Delta} V(x, y) \tag{3-9}$$

即，如果对所有的点，网格函数的 $L_\Delta V(x, y)$ 都大于零，那末内点上 网格函数 $V(x, y)$ 的最大值不会大于边界上网格函数的最大值. 反之，若 $L_\Delta V(x, y)$ 小于零，内点的最小值将大于边界上的最小值.

定理 2：如果定义在 D_Δ 及 δD_Δ 上的网格函数 $V(x, y)$ 是任意的，这时 $L_\Delta V(x, y)$ 可正可负，那末

$$\max_{D_\Delta} |V| \leqslant \max_{\delta D_\Delta} |V| + \frac{a^2}{2} \max_{D_\Delta} |L_\Delta V| \tag{3-10}$$

其中，如果 $b < a$，将以 b 代替 a，一般可以 ab 代 a^2，ab 为域的平面面积.

根据这一定理可以得出 Δx，Δy 有一最佳值. 现设 u 是域 D 上足够光滑的函数. 并令 $e_T(u)$ 为域 D_Δ 上 L_Δ 的截断误差. 则

$$e_T(u) \equiv L_\Delta u(x, y) - Lu(x, y) \quad \forall x, y \in D_\Delta \tag{3-11}$$

也就是

$$e_T(u) \equiv L_\Delta u + f$$

将 (3-4) 式代入得

$$e_T(u) \equiv L_\Delta u - L_\Delta U = -L_\Delta(U-u) \qquad (3\text{-}12)$$

式中 U 是差分方程解，u 是微分方程解. 根据定理 2, 下式应成立

$$\max_{D_\Delta} |U(x,y) - u(x,y)| \leqslant \frac{a^2}{2} \max_{D_\Delta} |e_T(u)| \qquad (3\text{-}13)$$

如果将边值误差 ρ' 和舍入误差 ρ 计算在内，则上式应为

$$\|U(x,y) - u(x,y)\| \leqslant \|\rho'\| + \frac{a^2}{2} \left[\|e_T(u)\| + \frac{\|\rho\|}{\Delta x \Delta y} \right]$$

$$(3\text{-}14)$$

这里范数 $\|\cdot\|$ 可以是 $\|\cdot\|_\infty$. 这个式子与常微分方程的许多差分格式的结果相似. 其中 a^2 是 $(a^2 b^2)$ 的下确界. 对于给定的 ρ（计算机精度），存在着最佳的 Δx, Δy, 如图 3-2 所示. 这是因为 Δx 或 Δy 取得越大，截断误差 $\|e_T\|$ 越大，但 $\Delta x \Delta y$ 取得越小舍入误差 $\frac{\|\rho\|}{\Delta x \Delta y}$ 越大，见图 3-2.

两者之和为图上实线所示（在图中假定 $\|e_T\|$、$\frac{\|\rho\|}{\Delta x \Delta y}$ 是二次曲线）. 可见当考虑 $\|e_T\|$ 和 $\frac{\|\rho\|}{\Delta x \Delta y}$ 之和时，并非 Δx（或 Δy）越小越好. 而是存在一个最佳的 Δx 及 Δy 值.

当 $AU = \delta^2 F$ 写成 $A(U-u) = \delta^2 e_T$ 时，U 的误差为

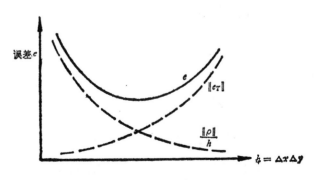

图 3-2

$$U - u = A^{-1}(\delta^2 e_T) = \delta^2 A^{-1} e_T$$

所以

$$\|U - u\| \leqslant \delta^2 \|A^{-1}\| \cdot \|e_T\| \tag{3-15}$$

因为 $A = A^T$，A^{-1} 是对称的，故

$$\|A^{-1}\|_2 = \max_{1 \leqslant \bar{v} \leqslant JK} \frac{1}{|A_{\bar{v}}|}$$

也即等于

$$\|A^{-1}\|_2 = \max_{1 \leqslant \bar{v} \leqslant JK} \frac{1}{|A_{\bar{v}}|} = \frac{1}{\min\limits_{1 \leqslant \bar{v} \leqslant JK} |A_{\bar{v}}|} \tag{3-16}$$

其中 $A_{\bar{v}}$ 为 $AW = AW$ 的特征值，可用分离变量法求得

$$\xi_p = 4\theta_x \cdot \sin^2\left(\frac{\pi}{2} \frac{p}{J+1}\right),$$

$$\eta_q = 4\theta_y \quad \sin^2\left(\frac{\pi}{2} \frac{q}{k+1}\right)$$

$$A_{pq} = \xi_p + \eta_q \text{ 当 } 1 \leqslant p \leqslant J, 1 \leqslant q \leqslant k \tag{3-17}$$

其对应的特征向量为 $W = \varphi_p \cdot \phi_q$

$$\varphi_p(x_j) = \sin\left(j \frac{p\pi}{J+1}\right), \quad \phi_q(y_k) = \sin\left(k \frac{q\pi}{k+1}\right)$$

$$\tag{3-18}$$

于是(见附录(5))

$$\|U - u\| \leqslant \frac{a^2 b^2}{\pi^2(a^2 + b^2)} \cdot \|e_T\|_2 \{1 + O[(\Delta x)^2 + (\Delta y)^2]\}$$

$$\tag{3-19}$$

这个结果与前面所述的最大-最小原理的结果是符合的. 但上述求特征值的方法在实际问题上难于使用. 因为求一般的 A^{-1} 是非常繁的，$\|A^{-1}\|$ 的上限亦难获得.

§3-2　差分方程组的迭代解法

设 $AU = \delta^2 F$ 为 $J \times K$ 次的线性方程组，且 $J \times K$ 的大小为 $O(10^2)$ 级，如采用 Gauss 消去法，计算量将为 $O(J^3 \times K^3)$ 即

$O(10^6)$ 左右,是个很大的数目,故常采用迭代法求解,迭代格式种类很多,如

(1) Jacobi 法

在 §2-2 节中的方阵 N 选为方阵 A 的对角方阵 $(a_{ii}\delta_{ij})$ 则 3—5 式的迭代格式为

$$NU^{(\nu+1)} = (A - N)U^{(\nu)} + \delta^2 F \qquad (3-20)$$

式中 $U^{(\nu+1)}$, U^ν 分别表示 U 的第 $\nu + 1$ 次及第 ν 次迭代值. a_{ii} 为方阵 A 的 i, j 项元素, $\delta^2 = \dfrac{\Delta x^2 \Delta y^2}{2(\Delta x^2 + \Delta y^2)}$ (当网格划定后,此为一常数),采用 Jacobi 迭代式的收敛速度为

$$R_J = \delta^2 \pi^2 \left(\frac{1}{a^2} + \frac{1}{b^2} \right) + O(\delta^4) \qquad (3-21)$$

(2) Gauss-Seidel 法

将方阵 N 取为方阵 A 的下三角阵,即

$$\begin{cases} N_{ij} = a_{ij} & \text{当 } i \geqslant j \\ N_{ij} = 0 & i < j \end{cases}$$

此法的迭代格式为

$$[I - (\theta_x L + \theta_y B)]U^{(\nu+1)} = (\theta_x L + \theta_y B)^T U^{(\nu)} + \delta^2 F \qquad (3-22)$$

式中 θ_x, θ_y 为系数,矩阵 L, B 见公式 (3-7).

这种迭代格式每次迭代的运算并不比 Jacobi 格式复杂,但收敛速度是 Jacobi 法的两倍,即

$$R_{G.S} = 2\delta^2 \pi^2 \left(\frac{1}{a^2} + \frac{1}{b^2} \right) + O(\delta^4) = 2R_J \qquad (3-23)$$

(3) 加速(松弛) Gauss-Seidel 法

和以前所述一样,在 Gauss-Seidel 法迭代格式上,引进一个加权参数 ω,采用如下迭代格式

$$[I - \omega(\theta_x L + \theta_y B)]U^{(\nu+1)} =$$
$$[(1 - \omega)I + \omega(\theta_x L + \theta_y B)^T]U^{(\nu)} + \omega\delta^2 F \qquad (3-24)$$

当 $0 < \omega < 2$ 时,迭代格式收敛,最佳收敛速度发生在 $\omega_* \cong 1.7$ 左

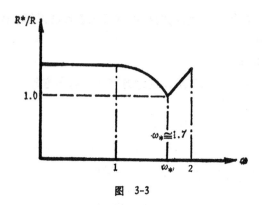

图 3-3

右，由图（3-3）可见，在 ω_* 附近，R^*/R 的变化很大（R^* 为临界收敛速度），而在 $\omega < 1$（亚松弛）时，加速效果不明显，在 $R < R^*$ 而 $\omega > 1$（超松弛）时，则有显著加速作用．到 $\omega = \omega_*$（$\omega_* \cong 1.7$）时具有最佳比值． 由图 3-3 可见当 ω_* 的值估计不太准确时，使 ω 较大于 ω_* 比用较小的 $\omega < \omega_*$ 为有利．

当 $\omega = \omega_*$ 时，收敛速度 $R_{A.G.S}$ 将大为增加，这时 $R_{A.G.S} = R^*_{A.G.S}$，而

$$R^*_{A.G.S} = 2\delta\pi \left[2\left(\frac{1}{a^2} + \frac{1}{b^2} \right) \right]^{1/2} + O(\delta^2) \gg R_{G.S} = 2R_J$$

$$(3-25)$$

（4）线型 Jacobi 法

沿 x 方向采用隐式算法，其联立方程式用 Jacobi 法解得．迭代格式为

$$(I - H)U^{(\nu+1)} = VU^{(\nu)} + \delta^2 F$$

收敛速度 $R_{L,J}$ 比普通 Jacobi 法快，为

$$R_{L,J} = \frac{\delta_J^2}{2} \pi \left(\frac{1}{a^2} + \frac{1}{b^2} \right) + O(\delta^4) \qquad (3-26)$$

（隐式算法和显式算法的区别见第九章）式中 $\delta_J = \Delta x + \Delta y$，当 Δx 和 Δy 取相同值即（$\Delta x \cong \Delta y$）时，则 $R_{L,J} \cong R_{GS}$．这时收敛速度比普通 Jacobi 法快将近一倍，而和 Gauss-Seidel 法差不多．

（5）线型 Gauss-Seidel 法

这时也是沿 x 方向采用隐式算法，其联立方程用 Gauss-Seidel 法解得．故迭代格式为

$$(I - H - \theta_y B)U^{(\nu+1)} = \theta_y B^T U^{(\nu)} + \delta^2 F \qquad (3\text{-}27)$$

(6) 加速线型 Gauss-Seidel 法

沿 x 方向采用隐式算法，这时迭代格式为

$$(I - H - \omega\theta_y B)U^{(\nu+1)}$$
$$= [(1 - \omega)I - (1 - \omega)H + \omega\theta_y B^T]U^{(\nu)} + \omega\delta^2 F$$
$$(3\text{-}28)$$

收敛速度为

$$R^*_{ALGS} \cong \left[1 + \left(\frac{\Delta y}{\Delta x}\right)^2\right]^{\frac{1}{2}} R^*_{A \cdot G \cdot S} \qquad (3\text{-}29)$$

把网格间距小的方向作为 x 方向，并沿该方向取隐式算法，这样 $\dfrac{\Delta y}{\Delta x} \gg 1$,

$$\left[1 + \left(\frac{\Delta y}{\Delta x}\right)^2\right]^{1/2} \gg 1, \quad \text{则}$$

$$R^*_{ALGS} \gg R^*_{A \cdot G \cdot S}$$

虽然隐式算法往往收敛速度较显式为快，但隐式算式要求运算三对角线矩阵，每次迭代的运算量比显式大(约五倍左右)，所以究竟采用那种方式，将视具体情况而定．

(7) 交替方向迭代法 (ADI 法) 和循环加速

ADI 法是将每一次迭代步骤分为两步运算，一次对 x 方向作隐式运算，另一次对 y 方向作隐式运算，所以，第一步由 $U^{(\nu)}$ 运算 $U^{(\nu+1/2)}$，迭代格式取

$$[(\omega + 2\theta_x)I - H]U^{(\nu+1/2)} = [(\omega - 2\theta_y)I + V]U^{(\nu)} + \delta^2 F$$
$$(3\text{-}30)$$

第二步由 $U^{(\nu+1/2)}$ 运算 $U^{(\nu+1)}$，迭代格式取

$$[(\omega + 2\theta_y)I - V]U^{(\nu+1)} = [(\omega - 2\theta_x)I + H]U^{(\nu+1/2)} + \delta^2 F$$

式中 $U^{(\nu+1/2)}$ 为沿 x 方向用线型 Jacobi 法运算出的中间值，对于

ADI 法，只要加速参数 $\omega > 0$，运算 Laplace 算子时都是收敛的。运算时对每一次迭代运算可采用不同的加速参数，例如将 ω_1，$\omega_2 \cdots \omega_m$ 连续运算。这样，自 $\nu + 1$ 到 $\nu + m$ 次连续的 m 次迭代运算中，我们将作出 $2m$ 个线型 Jacobi 运算，叫做完全的循环。在每个完全循环中加速参数可任意选择。但当 m 选定后，各个 ω 值常用下列方法来选取，先求出一完全循环迭代运算的差分算子的最小特征值 α 与最大特征值 β，然后在最小特征值 $\alpha = \min(\xi_1 + \eta_K)$ 和最大特征值 $\beta = \max(\xi_i + \eta_K)$ 之间以几何级数插入 α_1，$\alpha_2 \cdots$，α_{m-1} 且

$$\alpha_j = \alpha(\beta/\alpha)^{j/m} \qquad j = 0, 1, 2 \cdots, m$$

根据有关分析，一般多采用下列关系

$$\omega_j = (\alpha_{j-1}\, \alpha_j)^{1/2} \tag{3-31}$$

一般将 ω 值按大小依次排列（自大至小），先用大的值，依次用较小的值。

用这样的 ADI 法进行迭代运算时，每 m 个循环的收敛速度为

$$R_{ADI} = O(\delta^{1/m}) \tag{3-32}$$

相应地用加速线型 Gauss-Seidel 法作 $2m$ 次扫描的收敛速度为

$$R_{ALGS} = O(2m\delta) \tag{3-33}$$

显然，$\delta^{1/m} \gg 2m\delta$，所以 R_{ADI} 比 R_{ALGS} 大，例如有 100 个网格，δ 约 10^{-2}，若 $m = 5$，则 $R_{ADI} \doteq \frac{1}{2}$，而 $R_{ALGS} \doteq \frac{1}{10}$。

所以 ADI 法常被认为是很有效的迭代方法。

§3-3　实际应用中的问题及讨论

以上各种方法的分析是基于各差分问题有同一的特征向量。因此所得结论不能任意推广到一般问题的应用上去，例如：

（1）Laplace 方程当解的定义域 D 并非矩形时，或者边界值问题属于非 Dirichlet 问题时，ADI 法往往不一定比 SOR 法为快，SOR 法即加速 Gauss-Seidel 法，由于 SOR 程序简单，对计算机存贮要求低，效率一般尚佳，且常常可用实验方法找到适当的加速参数，故

此法在应用上很普遍.

（2）如果采用的差分格式不同,同样的微分方程 $Lu = -f$ 将导致不同的差分方程. 另外,微分方程虽然是椭圆型的,但可能并非 Lu 型. 例如,系数不是常数而是 (x, y) 的函数,这时以上分析的各种解法收敛速度的对比,其结论就不能随便引用. 高阶差分格式往往是不稳定的,有些对 Laplace 方程有效的高阶差分格式当推广应用到一般性椭圆型问题时将遇到困难.

当域 D 为不规则形状时,为了便于处理边界条件,往往要求进行坐标变换而将域 D 转换成长方形. 这时微分式 Lu 及相应差分式 $L_\Delta U$ 常常是比较复杂的.

由于椭圆型问题的解多为光滑的, 所以用有限单元法往往比较有利,尤其是域 D 的形状不规则时更是如此(即使边界条件或非齐次项不连续时,在奇异点以外的区域内,解仍是光滑的).

有限单元法常用分段多项式作为样条,而切比雪夫多项式通常被认为最好,用 Fourier 级数作样条时就和波谱法有了一定的关系.

在实际计算问题中,很多表面上是椭圆型的问题(例如 Laplace 方程),其边界条件往往是时间的函数(或者方程式中的系数随时间而变),这时问题就带有一定的波动性,不能作为纯粹的椭圆型问题处理.

纯粹的椭圆型问题采用中值差分,即使在多维情况下,仍有最大最小定律(差分的)与由此导致的误差上限,其离散计算解法,在性质上与解常微分方程大致相同,除遇到特殊情况(如不甚适定的特征值问题),一般讲求解往往不是太困难的.

当椭圆型方程求解的域是封闭的,在闭域上具有 Dirichlet 型边界条件(已知边界上各点的函数值)时,这个微分问题是适定的. 如果边界上给定的条件是 Neumann 型的(已知边界上各点函数的一次导数值),问题也是部分适定的. 混合型问题(已知一部分边界上各点的函数值以及另一部分边界上函数的一次导数值),也是适定的. 但 Cauchy 型问题(已知某一部分边界上的函数值及函数的一次导数值)对椭圆型方程是不适定的.

如果椭圆型方程的域 D 是无界的, 例如水流绕圆柱(或球)的运动, 这时应在离固体壁远的地方加一个边界, 因为物理上的边界条件是在无限远处, 为了处理边界的方便和准确起见, 可选取一个比较大的计算域 D. 但是大的计算域就可能使误差上限估计中的 Lipschitz 常数 $\dfrac{a^2}{2} \sim \dfrac{b^2}{2}$ 变得很大, 同时还需要很多计算点, 而且其中许多点与固体壁相离甚远, 对这些点的计算似乎是多余的, 因此希望把 D 缩小, 但是这又增加了处理边界条件的困难.

为了避免上述困难, 可以将无界的外域转换对映到具有封闭边界的内域来, 然后用以上方法求解. 不过, 这样转换后域 D 内的原点就变成一个边界点, 这个边界点也可能成为域 D 内的一个奇异点, 很可能发生一些意外的问题, 必须予以注意.

第四章 双曲型方程

§4-1 适定问题

在半平面 $D \equiv \{x, t | t \geqslant 0, |x| < +\infty\}$ 内，二阶的简单(一维)波动方程的 Cauchy 问题是

$$\begin{cases} \dfrac{\partial^2 u}{\partial t^2} = c^2 \dfrac{\partial^2 u}{\partial x^2} \\ u(x, 0) = f(x) \\ \dfrac{\partial u(x, 0)}{\partial t} = g(x) \end{cases} \tag{4-1}$$

其解可由熟知的 D'Alembert 公式给出

$$u(x, t) = \frac{f(x + ct) + f(x - ct)}{2} + \frac{1}{2c} \int_{x-ct}^{x+ct} g(\zeta) d\zeta \tag{4-2}$$

而

$$\xi = x + ct$$
$$\eta = x - ct$$

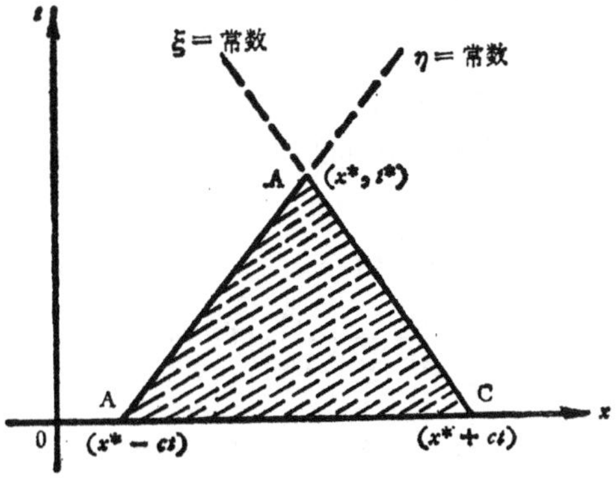

图 4-1

为两特征参数.

$$\xi = 常数$$
$$\eta = 常数$$

为特征线方程.

上述 Cauchy 问题的解 u 在 (x^*, t^*) 点的值 $u(x^*, t^*)$ 由 D'Alembert 公式不难看出：它只受在 x 轴上，由 $x^* - ct^*$ 到 $x^* + ct^*$ 之间的初值 $f(x)$，$g(x)$ 的影响，只与三角形 ABC 区域内各点的值有关（见图 4-1），区间 $[x^* - ct^*, x^* + ct^*]$ 称为点 (x^*, t^*) 的依赖区间. 注意在椭圆型方程中，任一点的解 $u(x, t)$ 值受到区域 D 内及边界 δD 上所有各点的值的影响，虽然影响的程度各有不同. 这是椭圆型方程与双曲型方程的基本区别之一.

上述二阶波动方程可以通过引入一个新的未知函数 $v = v(x, t)$ 而写成如下的一阶联立的波动方程组

$$\begin{cases} \dfrac{\partial u}{\partial t} = c \, \dfrac{\partial v}{\partial x} \\[2mm] \dfrac{\partial v}{\partial t} = c \, \dfrac{\partial u}{\partial x} \end{cases} \tag{4-3}$$

其初始条件为

$$\begin{cases} u(x, 0) = f(x) \\[2mm] v(x, 0) = G(x) = \dfrac{1}{c} \displaystyle\int_0^x g(\zeta) d\zeta + 常数 \end{cases} \tag{4-4}$$

可以证明：当初值 $f(x)$，$g(x)$ 适当光滑时，上述一维波动方程的 Cauchy 问题和一阶的联立波动方程组的 Cauchy 问题都是适定的.

将联立波动方程组（4-3）两式相加和相减，则得出下述形式

$$\begin{cases} \left(\dfrac{\partial}{\partial t} - c \, \dfrac{\partial}{\partial x} \right)(u + v) = 0 \\[2mm] \left(\dfrac{\partial}{\partial t} + c \, \dfrac{\partial}{\partial x} \right)(u - v) = 0 \end{cases} \tag{4-5}$$

注意到

$$\begin{cases} \xi = x + ct \\ \eta = x - ct \end{cases}$$

则 (4-5) 式可写成特征形式

$$\begin{cases} \dfrac{d}{d\eta}(u + v) = 0 \\ \dfrac{d}{d\xi}(u - v) = 0 \end{cases}$$

其中 $u \pm v$ 为特征变数.

与此类似, $\bar{n}$ 阶线性双曲型方程也可以化为基本的一阶线性双曲型偏微分方程组

$$\frac{\partial u}{\partial t} + A \frac{\partial u}{\partial x} = b \qquad (4\text{-}6)$$

其中 A 为 $\bar{n} \times \bar{n}$ 阶矩阵,它有 $\bar{n}$ 个实特征值,且有完全的特征矢量组, u 是 $\bar{n}$ 维的未知函数矢量.

用 A 的特征矢量作为矩阵 p 的列,则 $v = p^{-1}u$ 为特征变数,所以将 $u = pv$ 代入 (4-6) 可得

$$p \frac{\partial v}{\partial t} + \left(\frac{\partial p}{\partial t} \right) v + A \left(p \frac{\partial v}{\partial x} + \left(\frac{\partial p}{\partial x} \right) v \right) = b$$

或

$$p \frac{\partial v}{\partial t} + Ap \frac{\partial v}{\partial x} = b - \left(\frac{\partial p}{\partial t} \right) v - A \left(\frac{\partial p}{\partial x} \right) v$$

所以

$$\left(I \frac{\partial}{\partial t} + p^{-1}Ap \frac{\partial}{\partial x} \right) v$$

$$= p^{-1} \left[b - \left(\frac{\partial p}{\partial t} \right) v - A \left(\frac{\partial p}{\partial x} \right) v \right] \qquad (4\text{-}7)$$

为 $\bar{n}$ 个方程的一阶线性双曲型方程组的特征形式,而 $p^{-1}Ap$ 为一对角矩阵,即 $p^{-1}Ap = \mathrm{diag}(\alpha_j)$. 其特征方向为 $\dfrac{dx}{dt} = \alpha_j$.

§4-2 差分问题的适定性

用等步长的 Δt 与等步长的 Δx 将区域 D 离散化,格点上的函

数值 $U(n\Delta t, j\Delta x)$ 简记为 U_j^n，对微商 $\dfrac{\partial}{\partial t}, \dfrac{\partial}{\partial x}$ 可以采用向前差分 T，向后差分 $\overline{T}$，中心差分 $\hat{T}$（或 $T\overline{T}$）或其它符合 Taylor 级数展开的种种差分格式来逼近。但许多差分格式计算时是不稳定的。如果差分问题不适定，计算的不稳定性是可以预期到的。

例如下列双曲型方程

$$\frac{\partial^2 u}{\partial t^2} - c^2 \frac{\partial^2 u}{\partial x^2} = 0$$

对时间和空间的微分均采用中心差分，得

$$U_{t\bar{t}} - c^2 U_{x\bar{x}} = 0$$

其中 $U_{t\bar{t}} = (U_j^{n+1} - 2U_j^n + U_j^{n-1})/\Delta t^2$

$$U_{x\bar{x}} = (U_{j+1}^n - 2U_j^n + U_{j-1}^n)/\Delta x^2$$

所以

$$U_j^{n+1} - 2U_j^n + U_j^{n-1} = (c\Delta t/\Delta x)^2(U_{j+1}^n - 2U_j^n + U_{j-1}^n)$$

或

$$U_j^{n+1} = 2\left[1 - \left(\frac{c\Delta t}{\Delta x}\right)^2\right]U_j^n + \left(\frac{c\Delta t}{\Delta x}\right)^2(U_{j+1}^n + U_{j-1}^n) - U_j^{n-1}$$

$$(4\text{-}8)$$

在 x-t 平面中，容易看出：差分方程 (4-8) 的解 $U(x, t)$ 在 (x^*, t^*) 点的值依赖于

$$x \pm \frac{\Delta x}{\Delta t} t = x^* \pm \frac{\Delta x}{\Delta t} t^* = 常数$$

两直线之间的网格点的值（因为 U_j^{n+1} 只与 $U_{j+1}^n, U_j^n, U_{j-1}^n$ 有关，U_{j-1}^n 只与 $U_{j-2}^{n-1}, U_{j-1}^{n-1}, U_j^{n-1}$ 有关，……依此类推），所以点 (x^*, t^*) 的依赖区间为 x 轴上的区间 $\left[x^* - \dfrac{\Delta x}{\Delta t} t^*, x^* + \dfrac{\Delta x}{\Delta t} t^*\right]$（见图 4-2）。

在一般情况下，$\dfrac{\Delta x}{\Delta t} \neq c$，所以差分问题与微分问题的依赖区间不一定相同。

如果 $\dfrac{\Delta t}{\Delta x} > \dfrac{1}{c}$，则差分问题的依赖区间小于微分问题的依赖

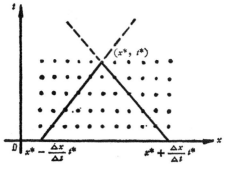

图　4-2

区间，即差分方程问题的依赖区间位于微分方程问题的依赖区间的内部．因此，差分问题的解 $U(x, t)$ 仅仅用到了相应微分方程问题解的一部分初值，换言之，在未被包括在差分方程问题的依赖区间内的 $g(x)$ 可取任何数值，均不会影响差分方程问题的解 $U(x, t)$，而相应的微分方程问题的解则将受到影响，因此，差分方程问题的解收敛于相应微分方程问题的解的必要条件 是 Courant-Friedrichs-Lewy 条件(简称 CFL 条件)成立，这个条件是："差分方程问题的依赖区间必须包含相应微分方程问题的依赖区间"．即

$$r = c \frac{\Delta t}{\Delta x} \leqslant 1$$

换言之，差分法空间网格的步长 Δx 不应小于物理波速 c 与在差分计算中时间步长 Δt 的乘积 $c \Delta t$．否则差分问题的解当 $\Delta t \to 0$，$\Delta x \to 0$ 时不能收敛于相应微分方程问题的解．

如果差分方程问题的依赖区间大于相应微分方程问题的依赖区间，则在差分计算过程中，多余的初值将使差分问题的解产生误差，这个误差在 $\Delta t, \Delta x \to 0$ 时，也必须趋近于零，否则，即使符合 CFL 条件，差分问题的解当 $\Delta t, \Delta x \to 0$ 时，还是不能收敛于正确的解，该差分问题的解的计算可能不稳定．应该指出：对于差分方程适定问题与稳定问题基本上是不同的，虽然在简单的模式中，稳定性的条件往往与 CFL 条件相同．

§4-3 差分格式举例

下面以一阶一维的波动方程

$$\frac{\partial u}{\partial t} + c \frac{\partial u}{\partial x} = 0 \qquad (4\text{-}9)$$

为例,举出若干标准的差分格式进行讨论.

(1) 采用时间前差 U_t 和空间前差 U_x,则得到差分格式

$$U_j^{n+1} = (1 + r)U_j^n - rU_{j+1}^n \qquad (4\text{-}10)$$

其中

$$r = \frac{c\Delta t}{\Delta x}$$

由 (4-10) 可见,U_j^{n+1} 依赖于 U_j^n 和 U_{j+1}^n,所以 U_j^{n+1} 由 i 点右侧的初值所决定 (见图 4-3);但是微分方程 (4-9) 式的特征线为 $x - ct =$ 常数,所以 U_j^{n+1} 应与 i 点左侧的初值有关,因而此式违反了 CFL 条件,故差分问题的解不可能收敛于微分问题的解,同时,差分计算也是不稳定的.

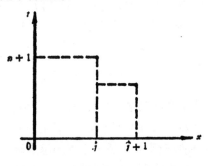

图 4-3

(2) 采用时间前差 U_t 和空间后差 U_x,则得

$$U_j^{n+1} = (1 - r)U_j^n + rU_{j-1}^n \qquad (4\text{-}11)$$

显然,若 $r \leqslant 1$,则差分问题的依赖区间在 x 轴上点 $x^* - \frac{\Delta x}{\Delta t} t^*$ 的右侧 (见图 4-4),将包括微分问题的依赖区间 (微分问题的依赖区间在 x 轴上点 $x^* - ct^*$ 之右侧;因为 $r \leqslant 1$,所以

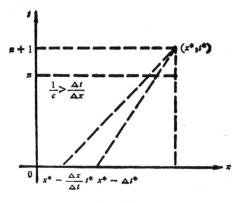

图 4-4

$$\frac{\Delta x}{\Delta t} \geqslant c, \quad x^* - \frac{\Delta x}{\Delta t} t^* \leqslant x^* - ct^*).$$

因此,CFL 条件成立. 若微分问题的解足够光滑(即 $u(x, t)$ 二阶连续可微),则局部截断误差

$$e_T(x, t) = O(\Delta t, \Delta x) \tag{4-12a}$$

令解的误差为

$$e(x, t) = U(x, t) - u(x, t) \tag{4-12b}$$

则(参见附录 (6))

$$e_j^{n+1} = (1 - r)e_j^n + re_{j-1}^n - \Delta t e_{Tj}^n \tag{4-13}$$

令误差 e_j^n 的上确界为

$$E_n = \sup_j |e_j^n|$$

因为 $0 \leqslant r \leqslant 1$,所以

$$|e_j^{n+1}| \leqslant (1 - r)|e_j^n| + r|e_{j-1}^n| + \Delta t |e_{Tj}^n|$$

即

$$E_{n+1} \leqslant E_n + \Delta t O(\Delta t, \Delta x) \leqslant \cdots\cdots$$
$$\leqslant E_0 + t_{n+1}O(\Delta t, \Delta x) \tag{4-14}$$

即

$$|U(x, t) - u(x, t)| \leqslant \|U(x, 0) - f(x)\|_\infty + tO(\Delta t, \Delta x) \tag{4-15}$$

所以当 $\Delta x,\ \Delta t \rightarrow 0,\ U(x,\ 0) \rightarrow f(x)$ 时，就能保证对所有有限的 t，都有 $U(x,\ t) \rightarrow u(x,\ t)$.

（3）采用时间前差 U_t 和空间中差 $U_{\dot{x}}$，则得

$$U_j^{n+1} = U_j^n - \frac{r}{2}(U_{j+1}^n - U_{j-1}^n) \qquad (4\text{-}16)$$

$$e_T = O(\Delta t,\ \Delta x^2)$$

其中 $r = \dfrac{c\Delta t}{\Delta x}$.

当 $r \leqslant 1$ 时，CFL 条件成立，但是，此差分方程问题的解并不收敛，同时也不稳定. 由此可见，CFL 条件只是差分问题的解收敛于相应微分问题的解的必要条件，而不是充分条件.

（4）Friedrichs 格式

为了克服第三种格式的缺点，Friedrichs 提出了如下的差分格式

$$U_j^{n+1} = \frac{1}{2}(U_{j+1}^n + U_{j-1}^n) - \frac{r}{2}(U_{j+1}^n - U_{j-1}^n), \qquad (4\text{-}17)$$

$$e_T = O(\Delta t,\ \Delta x^2)$$

若 $r \leqslant 1$，则 CFL 条件成立，同时，因为 U_{j+1}^n 的系数 $\left(\dfrac{1}{2} - \dfrac{r}{2}\right)$ 与 U_{j-1}^n 的系数 $\left(\dfrac{1}{2} + \dfrac{r}{2}\right)$ 之和为 1，且均大于或等于零. 所以，容易证明差分问题的解是收敛的. 对于前述一阶线性双曲型方程组，上述方法也可应用，其差分问题的解的收敛性也可以证明. 而其它的差分格式，对于单个双曲型方程虽可用，对于一阶线性双曲型方程组则不一定适用.

容易看出：第三种差分格式与 Friedrichs 格式的差别是很小的，即把 U_j^n 换成 $\dfrac{1}{2}(U_{j+1}^n + U_{j-1}^n)$，就得到了 Friedrichs 格式. 利用 Taylor 级数展开可知

$$\frac{1}{2}(U_{j+1}^n + U_{j-1}^n) = U_j^n + \frac{1}{2}U_j''(\Delta x)^2 + O(\Delta x^4)$$

U_j'' 为在 $(j,\ n)$ 点处函数 U 对 x 的二阶导数. 这微小的差异对计

算上的影响是重大的，竟导致了完全不同的效果. 所加的这一项可以认为一个粘性项.

$$U_t(x, t) = -cU_{\hat{x}}(x, t) + \frac{c\Delta x}{2r} U_{xx}$$

脚标 $\hat{x}$ 表示对 x 取中差. 当 $\Delta x \to 0$ 时, 此粘性项 $\to 0$. 通常有一种看法, 即增添一粘性项, 可以使差式格式稳定. 但这种看法不能任意推广, 例如下述 (6) 式 Lax-Wendroff 格式, 如加入这种粘性项计算就不稳定.

(5) 跳步法格式

Friedrichs 格式的截断误差 $e_T = O(\Delta t, \Delta x^2)$, 所以在差分计算中, 当取小的空间步长 Δx 时, 就必须取很小的时间步长 Δt (与 Δx^2 相当), 这是 Friedrichs 差分格式的一个主要缺点, 为了克服这个缺点, 提出如下的最简单二阶差分格式

$$U_{\hat{t}} + cU_{\hat{x}} = 0 \tag{4-18a}$$

即

$$U_j^{n+1} - U_j^{n-1} = -r(U_{j+1}^n - U_{j-1}^n) \tag{4-18b}$$

其截断误差为

$$e_T = O(\Delta t^2, \Delta x^2)$$

差分格式 (4-18b) 称为跳步法格式. 当 $r \leqslant 1$ 时, 此格式满足 CFL 条件, 差分问题的解计算是稳定的, 而且可以证明: 差分问题的解收敛于相应微分问题的解.

跳步法的缺点是: 1) 为计算 U^{n+1}, 需要取用 U^n 和 U^{n-1}, 因而增加了计算机的存贮容量; 2) 为了求解差分方程, 需要 U^0 与 U^1 两组初值. 原则上, 初值 U^1 总可利用 $f(x)$ 与 $g(x)$ 来求得, 即利用一阶差分格式来计算. 但是, 这样计算所得的初值 U^1 包含着一些误差, 为了减少计算初值 U^1 的误差, 需用很小的网格步长 Δt. 因而使用跳步法格式, 一方面将增加运算量, 又必需同时用一阶差分格式和二阶的跳步法差分格式, 而在开始时, 需用小网格的一阶差分格式, 然后才能用大网格的跳步法二阶差分格式.

跳步法差分格式的两个特点是:

1. 当 $r > 1$ 时，表面上违反了 CFL 条件，但计算还是稳定的.

2. 计算的结果往往是"奇点"与"偶点"各自形成一组解答，在邻点间有显著的"波动"现象，这显然是不属于原解的. 这种现象通常叫解的不连续性，这种意外波动的大小与初值 U^- 的大小有关，为了减少这类波动，可加入一些粘性系数的差分项 (U_{xx})，但是，加入此类粘性项的结果，即使是为量甚小，也常使差分格式变成不稳定.

(6) Lax-Wendroff 格式

为了使截断误差 $e_T = O(\Delta t^2, \Delta x^2)$，而保持对时间的前差，利用对时间 t 的 Taylor 级数展开，可得

$$U_j^{n+1} - U_j^n \simeq \frac{\partial u}{\partial t} \Delta t + \frac{\partial^2 u}{\partial t^2} \frac{(\Delta t)^2}{2} + \cdots\cdots$$

由于

$$\frac{\partial u}{\partial t} = -cu_x$$

$$\frac{\partial^2 u}{\partial t^2} = \frac{\partial}{\partial t} u_t = \frac{\partial}{\partial t}(-cu_x) = -c_t u_x - cu_{xt}$$

$$= -c_t u_x - c(-cu_x)_x = c^2 u_{xx} - (c_t - cc_x)u_x$$

若 c 为常数，则 $c_t = c_x = 0$. 对 u_x, u_{xx} 项若用中心差分代替微商 $\frac{\partial}{\partial x}$ 与 $\frac{\partial^2}{\partial x^2}$，并写出其差分式，则得到一阶波动方程 $u_t + cu_x = 0$ 的 Lax-Wendroff 差分格式如下：

$$U_j^{n+1} = U_j^n - \frac{r}{2}(U_{j+1}^n - U_{j-1}^n)$$

$$+ \frac{r^2}{2}(U_{j+1}^n - 2U_j^n + U_{j-1}^n) \qquad (4\text{-}19)$$

其中 $r = \frac{c\Delta t}{\Delta x}$，微商 $\frac{\partial}{\partial x}$ 与 $\frac{\partial^2}{\partial x^2}$ 都采用空间中心差分. 格式(4-19)在 $r \leqslant 1$ 时，符合 CFL 条件，计算也是稳定的，有时计算结果中也出现微小的波动，但没有跳步法格式的不连续性那样严重.

除开上述的差分格式以外，还有多种差分格式（包括隐式差分格式，对于大多数隐式差分格式，不论 r 为何值，计算是稳定的）可以采用，这些差分格式各有其特点。一个差分格式的取舍主要问题不在于它在上述简单波动方程问题上应用的功效如何，而在于它对在线性双曲型方程组，非线性双曲型方程组或混合型偏微分方程组问题上的应用功效。Friedrichs 格式与 Lax-Wendroff 格式一般是有效的。即使对于线性变系数双曲型方程组问题，若系数的变化不大，其效果仍然很好。

§4-4　一阶线性双曲型方程组

许多物理问题的守恒原理（如流体力学中的动量守恒等）常常可以写成

$$\frac{\partial u}{\partial t} + \frac{\partial}{\partial x} F\left(u, \cdots\cdots, \frac{\partial^n u}{\partial x^n}\right) = 0 \qquad (4\text{-}20)$$

在上式中，经过将 F 线性化，并引入新的未知函数后，可变成一阶线性双曲型方程组，简写为

$$\frac{\partial \tilde{u}}{\partial t} = cA \frac{\partial \tilde{u}}{\partial x} \qquad (4\text{-}21)$$

其中 $\tilde{u}$ 为 $\bar{n}$ 维矢量函数，A 为 $\bar{n} \times \bar{n}$ 矩阵，c 相当于波速。

假设

$$\tilde{U} = \begin{pmatrix} u \\ v \end{pmatrix}, \quad A = \begin{pmatrix} 0 & 1 \\ 1 & 0 \end{pmatrix}$$

则得

$$\begin{cases} \dfrac{\partial u}{\partial t} = c \dfrac{\partial v}{\partial x} \\[3mm] \dfrac{\partial v}{\partial t} = c \dfrac{\partial u}{\partial x} \end{cases} \qquad (4\text{-}22)$$

即一阶一维波动方程组，下面以此方程为例阐述 Friedrichs 格式的应用及其收敛性。

用 Friedrichs 格式将 $\tilde{U}$ 的各个分量写成差分形式，即得

$$U_j^{n+1} = \frac{1}{2}(U_{j+1}^n + U_{j-1}^n) + \frac{r}{2}A(U_{j+1}^n - U_{j-1}^n) \quad (4\text{-}23)$$

这里 U_j^n 为一矢量，$r = \dfrac{c\Delta t}{\Delta x}$．

设初值为

$$u(x, 0) = f(x), \quad v(x, 0) = g(x)$$

Friedrichs 格式的一个特点是：在 $r = 1$ 时，差分问题的特征线与相应微分问题的特征线符合，所以它们的依赖区间互相吻合．因此，用 Friedrichs 格式计算时常常用 $r = \dfrac{c\Delta t}{\Delta x}$ 接近于 1 的最大值（比如 0.8，0.9，…… 等等）．但是当 c 不是常数，A 不是常数矩阵时不适用．而在许多实际问题中，矩阵 A 和波速 c 是变化的．对于方程个数大于 2 的方程组，尤其是当 A 不是常数矩阵时，即使 $r = 1$ 也不能使差分问题的依赖区间与相应微分问题的依赖区间重合．

关于 Friedrichs 格式的差分解的收敛性，论证如下：

令

$$e_T(x, t) = (L_\Delta - L)\widetilde{U}$$

这里 $\widetilde{U}$ 为微分问题的解，L_Δ 为差分算子，L 为与差分算子 L_Δ 相对应的微分算子，

$$L = \left(I\frac{\partial}{\partial t} - cA\frac{\partial}{\partial x}\right)$$

$e_T(x, t)$ 为截断误差矢量．显然

$$L\widetilde{U} = \left(I\frac{\partial}{\partial t} - cA\frac{\partial}{\partial x}\right)\widetilde{U} = 0 \quad (4\text{-}24)$$

可以证明，对于线性双曲型偏微分方程组，有

$$e_T(x, t) = O(\Delta t, \Delta x)$$

令误差矢量 $e(x, t) = U(x, t) - \widetilde{U}(x, t)$，$r \leqslant 1$，则得

$$e_j^{n+1} = \frac{1}{2}(I + rA)e_{j+1}^n + \frac{1}{2}(I - rA)e_{j-1}^n - \Delta t e_{Tj}^n \quad (4\text{-}25)$$

（推导过程与 (4-13) 式类似，但这里 e 与 e_T 均为矢量．）此即误差

矢量 $e(x, t)$ 所满足的差分方程. 不难看出: 它与差分方程 (4-23) 基本一致.

如果取矩阵

$$P = P^* = P^{-1} = \frac{1}{\sqrt{2}} \begin{pmatrix} 1 & 1 \\ 1 & -1 \end{pmatrix}$$

则可使矩阵 PAP^* 成为对角阵,即

$$PAP^* = \begin{pmatrix} 1 & 0 \\ 0 & -1 \end{pmatrix}$$

令

$$\varepsilon(x, t) = Pe(x, t) = \begin{pmatrix} \xi \\ \eta \end{pmatrix}, \quad e_T \begin{pmatrix} e_{T2} \\ e_{T1} \end{pmatrix}$$

我们称 $\varepsilon(x, t)$ 为特征误差变量,这误差沿着特征线方向传播,如在线性齐次常系数波动方程组中,应是沿着特征线方向的不变量. (在椭圆型方程中,若在任何一点给以一定的误差,则它沿任何一个方向均逐渐减小.) 在差分形成的波动方程组中,沿特征线方向误差可能变小或变大,这是因为当地所形成的差分(及计算)误差可能与 $\varepsilon(x, t)$ 同号或异号.

将上述形式的 P 作用于 (4-25) 式上可得(见附录 (7))

$$\begin{pmatrix} \xi \\ \eta \end{pmatrix}_j^{n+1} = \frac{1}{2} (1 \pm r) \begin{pmatrix} \xi \\ \eta \end{pmatrix}_{j+1}^n + \frac{1}{2} (1 \mp r) \begin{pmatrix} \xi \\ \eta \end{pmatrix}_{j-1}^n$$

$$- \frac{\Delta t}{\sqrt{2}} \begin{pmatrix} e_{T1} + e_{T2} \\ e_{T1} - e_{T2} \end{pmatrix}_j^n \tag{4-26}$$

$$E(t) = \sup_x \| \varepsilon(x, t) \|_\infty$$

$$\sigma(t) = \sup_x \| e_T(x, t) \|_\infty$$

则

$$E(t + \Delta t) \leqslant E(t) + \sqrt{2} \Delta t \sigma(t) \tag{4-27}$$

因此

$$E(t + \Delta t) \leqslant E(0) + \sqrt{2} t \| \sigma(t) \| \tag{4-28}$$

其中 $E(\Delta t + t)$ 为计算结果中的最大误差，$E(0)$ 为初值误差，$\sqrt{2}\,t\|\sigma(t)\|$ 为在时间 t 内所累积的有关的最大截断误差，而

$$\|\sigma(t)\| \sup_{t' \leqslant t} \cdot \sigma(t') = \sup_{\substack{x \\ t' \leqslant t}} \|e_T(x, t')\|_\infty$$

因为

$$\varepsilon(x, t) = Pe(x, t), \quad P = P^{-1}$$

所以

$$e(x, t) = P^{-1}\varepsilon(x, t) = P\varepsilon(x, t)$$

因此

$$\|e\| \leqslant \|P\|\|\varepsilon\| \leqslant \sqrt{2}\,\|\varepsilon\| \leqslant \sqrt{2}\,E(t)$$

而

$$e(x, t) = U(x, t) - \widetilde{U}(x, t)$$

于是

$$\|U(x, t) - \widetilde{U}(x, t)\| \leqslant \sqrt{2}\,E(t)$$
$$\leqslant \sqrt{2}\,E(0) + 2t\|\sigma(t)\|$$

由于 $E(0) = \sup_x \|\varepsilon(x, 0)\|_\infty$

而

$$\varepsilon(x, 0) = Pe(x, 0)$$

所以

$$E(0) \leqslant \sqrt{2}\sup_x \|e(x, 0)\| = \sqrt{2}\sup_x \|U(x, 0) - \widetilde{U}(x, 0)\|$$

由此得

$$\|U(x, t) - \widetilde{U}(x, t)\| \leqslant 2\sup_x \|U(x, 0) - \widetilde{U}(x, 0)\|$$
$$+ 2t\|\sigma(t)\|$$

如果计算的舍入误差和初值的误差可以控制在 $O(\Delta t, \Delta x)$，则对计算结果的影响很小，因此

$$\|U(x, t) - \widetilde{U}(x, t)\| \leqslant t \cdot O(\Delta t + \Delta x)$$

由上式可见，如果 $r \leqslant 1$ 即计算是稳定的，而 t 是有限的，则当 $\Delta t, \Delta x \to 0$ 时，使用 Friedrichs 格式解线性联立波动方程组时，其差分解终将收敛于相应的微分问题的解。在上面的讨论中，联立方程的个数对误差上界的结果没有影响。因此，对于一个线

性常系数的双曲型方程组的初值问题，如果初值误差能控制在 $O(\Delta t, \Delta x)$ 以内，则 Friedrichs 格式的差分计算结果是非常理想的。

如果波速不是常数，而是 t 与 x 的函数，则 Friedrichs 格式的计算结果将不很理想，往往使用 Lax-Wendroff 格式的计算结果要好些。需着重指出：即使在最理想的条件下，上述波动方程组计算的误差上限也将随 t 而增长，即随计算的时间直线增大，当采用一定的 Δt，Δx 求波动方程组的解时，若期望解的误差不致太大，对计算的时间要有适当的控制，使 $N\Delta t^2 \leqslant$ 允许值，一旦 Δt 已经选定，则计算的次数 N 需按这一准则予以限定。

第五章　抛物型方程

§5-1　适定问题

设热传导系数为 1，则上半平面 $D = \{x, t \mid t \geqslant 0, |x| < +\infty\}$ 内简单(一维)热传导方程为

$$\frac{\partial u}{\partial t} - \frac{\partial^2 u}{\partial x^2} = 0 \tag{5-1}$$

若初值为

$$u(x, 0) = f(x) \tag{5-2}$$

其解可以用 Green 函数表示成

$$u(x, t) = \int_{-\infty}^{\infty} \frac{1}{\sqrt{4\pi t}} \exp[-(\zeta - x)^2/4t] f(\zeta) d\zeta \tag{5-3}$$

初值 $f(x)$ 为连续函数，但实际应用中 $f(x)$ 常常是不连续的，如果 $f(x)$ 是分段连续的，(5-3) 式仍成立.

现在考虑问题 (5-1)，(5-2) 的适定性，假设在区间 (a, b) 内初值 $f(x) > 0$，在 (a, b) 外等于零，显然，对空间任一点 $x(-\infty < x < \infty)$，只要时间 $t > 0$，都有值 $u(x, t) > 0$. 这说明在热传导方程中，热传导速度为无穷大. 假设 (a, b) 的长度很小，那么离 (a, b) 距离不同的各点其温度也不同. 由 (5-3) 可见温度随距离增大而按指数函数(或按比例)而衰减，如将 (x, t) 平面内温度相等的点连接成一条等温线，可看到这种等温线随时间的增加而向外扩张，它可称为扩散波的波前.

因此，扩散问题往往被看作为波动问题的极限，但是扩散问题是个衰减的波，而且波前是很模糊的. 真正波动问题的波不一定衰减，波前是很确切明显的. 所以扩散问题是介于椭圆型和波动型之间的中间情形. 扩散问题也有依赖区域，但其依赖区域是从 x 轴 $(t = 0)$ 到 $t = t$ 两条线之间的整个狭长条形. 因为整个 x

轴的初值对任一点的温度都有影响,所以它的依赖区域是无限的.椭圆型方程在实数域中没有明显的依赖区(而与域中所有各点的值都有关),波动方程的依赖区域是有限的,而扩散方程的依赖区却是无限的. 从这一观点出发,扩散方程与椭圆方程有着基本的不同,而且和波动方程也不相同,所以扩散方程的性质介于椭圆型方程和波动型方程之间,但它的依赖区域又不在两者之间,它的计算方法也与前两者不同.

从适定性分析,扩散方程要求在一条开直线 $(-\infty, +\infty)$ 上给定初值,而不像椭圆型方程那样在一条封闭曲线上给定边值.另外,扩散方程只要求在开直线上给定初值 $f(x)$,而不像波动方程那样同时给定一阶导数,从这一点看,扩散型方程的适定问题又和椭圆型方程大致相同.

§5-2 差分问题的适定性

设扩散问题的定解条件已经确定. 下面举出几种差分格式应用的例子:

(1) $$U_t - U_{xx} = 0 \qquad (5\text{-}4)$$

(5-4)式也可以写成

$$U_j^{n+1} = (1 - 2\mathfrak{S})U_j^n + \mathfrak{S}(U_{j+1}^n + U_{j-1}^n) \qquad (5\text{-}5)$$

这里 $\mathfrak{S} = \dfrac{\nu \Delta t}{\Delta x^2} = \dfrac{\Delta t}{\Delta x^2}$(取扩散系数 ν 为 1),初值 $U_j^{(0)} = f(x_j)$.

这一差分方程的依赖区域是有限的,不可能包括微分方程的依赖区域,在任何有限的 Δt,Δx 值时式 (5-5) 不满足 CFL 条件,但是当 $\dfrac{\Delta t}{\Delta x} \to 0$ 时,或者当 Δt,$\Delta x \to 0$ 时,$\dfrac{\Delta t}{\Delta x}$ 很小的话,差分方程就有很大的依赖区域,虽然它仍比微分方程的依赖区域小,但在极限情况下,差分方程的依赖区域可以接近微分方程的依赖区域($t = 0$ 与 $t = t$ 之间的长条区域).

利用 Taylor 级数展开可得截断误差为

$$e_T = \frac{\Delta t}{2} \frac{\partial^2 u}{\partial t^2} - \frac{\Delta x^2}{12} \frac{\partial^4 u}{\partial x^4} \qquad (5\text{-}6)$$

所以 $e_T = O(\Delta t, \Delta x^2)$

令解的误差 $e = U - u$，则

$$e_j^{n+1} = (1 - 2\Theta)e_j^n + \Theta(e_{j+1}^n + e_{j-1}^n) - \Delta t \, e_{T_j}^n \qquad (5\text{-}7)$$

令 $E_n = \sup |e_j^n|$，则当 $2\Theta \leqslant 1$ 时有

$$|e_j^{n+1}| \leqslant (1 - 2\Theta)|e_j^n| + \Theta|e_{j+1}^n + e_{j-1}^n| + \Delta t|e_{T_j}^n| \qquad (5\text{-}8)$$

所以

$$E^{n+1} \leqslant E^n + \Delta t \cdot \tau \leqslant \cdots \leqslant E^{(0)} + t_{n+1} \cdot e_T \qquad (5\text{-}9)$$

$$|U - u| \leqslant \sup_x |U(x, 0) - u(x, 0)| + t \cdot O(\Delta t + \Delta x^2)$$
$$(5\text{-}10)$$

这样对有限 t 值如果 Δt, $\Delta x \to 0$，$U(x, 0) - u(x, 0) \to 0$，即 $U \to u$. 这说明当 $\Theta \leqslant \dfrac{1}{2}$ 及 $E^{(0)}$ 与 τ 都趋近于 0 时，差分解 U 收敛于微分解 u. 当 $\Theta > \dfrac{1}{2}$ 时，不能用上述方法判断差分方程的解是收敛或是发散. 上述分析表明，当 $\Theta = \dfrac{\Delta t}{\Delta x^2} \leqslant \dfrac{1}{2}$ 时，尽管不满足 CFL 条件，扩散方程的差分结果还是可以收敛的，这种情形与波动问题不同（波动问题违反 CFL 条件时将不收敛，所以 CFL 条件不完全适用于扩散方程.

从物理观点可以解释为什么扩散方程在不符合 CFL 条件时，其差分解仍然能够收敛. 当考虑 CFL 条件时，若差分方程的依赖区域与微分方程的依赖区域不同，当大于微分方程的依赖区域时，可以认为差分方程的依赖区域中包含了许多不必要的初值（指在微分方程依赖区域以外的初值），这时差分问题的解收敛的条件是：微分方程依赖区域外部的初值所产生的影响将趋于零. 换言之，这些不该有的初值，当 $\Delta x \to 0$ 与 $\Delta t \to 0$ 时，所引起的误差趋于零时，则差分方程的解收敛，若这些误差不趋于零时，则差分方程的解不收敛.

从 (5-3) 式可以看出，距离有固定初值的区域越远的点，受这些固定初值的影响将越小. 由此可见，在很远的地方初值的影响

是无关紧要的. 即使有量级为 $O(1)$ 的初值差异,对解的影响仍是很小的,不像在波动方程中那样严重. 所以,虽然差分方程的依赖区域小于微分方程的依赖区域,还是可能找到解的. 从另一个角度考虑,扩散问题解的收敛并不违反 CFL 原则,因此把扩散问题当作波动问题的极限来看,也有一定的道理.

(2) $U_j^{n+1} = \dfrac{1}{2}[U_{j+1}^n + U_{j-1}^n] + \Theta[U_{j+1}^n - 2U_j^n + U_{j-1}^n]$

$$(5\text{-}11)$$

此式为 Friedrichs 格式,其中相当于粘性项的 $U_{x\bar{x}}$ 与上一章一致. 但这一差分格式对任何 Θ 值都不收敛,计算是不稳定的. 这一差分格式虽适用于波动方程,但在扩散方程中不适用.

(3) $\quad U_j^{n+1} = U_j^{n-1} + 2\Theta(U_{j+1}^n - 2U_j^n + U_{j-1}^n)$ $\quad$ (5-12)

此式采用跳步差分格式中的 $\dfrac{\partial}{\partial t}$ 格式与 $U_{x\bar{x}}$ 格式,用该式计算对于任何 Θ 值都不收敛. 同样,在波动问题中十分有效的 Lax-Wendroff 格式用在扩散问题上也不稳定.

(4) Dufort Frankel 格式

$\quad U_j^{n+1} = U_j^{n-1} + 2\Theta[U_{j+1}^n - U_j^{n+1} - U_j^{n-1} + U_{j-1}^n]$ $\quad$ (5-13)

这个格式是为补救用 (5-12) 跳步格式计算不稳定而设计的,相当于加上一差分项 U_{tt} (即 $U_j^{n+1} - 2U_j^n + U_j^{n-1}$),除开当 $\dfrac{\Delta t}{\Delta x} \to 0$ 的情况外,虽不能证明它的收敛性,但它对任意 Θ 值的计算结果都是稳定的,其解亦有不连续现象,截断误差一般为 $O(\Delta t, \Delta x^2)$,但在特殊情形下可变成 $O(\Delta t^2, \Delta x^2)$.

1954 年以前还没有此格式时,扩散方程的计算受稳定性限制很大,所能用的时间步长 Δt 很小 ($O(\Delta x^2)$),采用此改良的方法时,Δt 可任意选择而计算依然稳定. 此方法的缺点是当 $\Delta x \to 0$ 时,若 $\dfrac{\Delta t}{\Delta x} > 0$,则 (5-13) 式与扩散方程的协调性不能满足.

(5) 隐式格式

$U_{\bar{t}}(x,t) = \Theta[\theta U_{x\bar{x}}(x,t) + (1-\theta)U_{x\bar{x}}(x,t-\Delta t)]$ (5-14)

式中 θ 为参数，$0 \leqslant \theta \leqslant 1$

当 $\theta = 0$ 时，即变为上述格式 (1)，当 $\theta \neq 0$ 时即为隐式．这时差分方程成为一个代数方程组；它的依赖区域与微分方程的依赖区域一致，也是整个狭条区域．当 $0 \leqslant \theta \leqslant \dfrac{1}{2}$ 时，对适当的 ℮ 值可以证明其收敛性，计算亦稳定．当 $1 > \theta \geqslant \dfrac{1}{2}$ 时，℮ 取任意值计算都稳定，$\theta = \dfrac{1}{2}$ 时，即为著名的 Crank-Nicolson 格式．

隐式格式有许多种，用隐式解扩散方程有许多优点．考虑计算稳定性，隐式既可解波动方程又可解椭圆方程，现在又可用隐式格式解扩散方程．因此，易于推想用隐式解混合型方程，是很理想的．但隐式格式也存在缺点．主要是运算量太大．实际问题求解时方程个数往往上千（即 $\bar{n} \cong 10^3$），用 Gauss 消去法约需 $\dfrac{\bar{n}^3}{3}$ 次运算，用超松弛法约需 $\bar{n}^2$ 次运算，其中 $\bar{n}$ 是方程组中未知数的个数，用线松弛，ADI 等方法运算次数也不会减少很多，因而计算时间太长．这一困难对于非线性问题尤为严重．求解这种很复杂的方程组时常需用迭代法．这种迭代法的收敛性与某些不定常问题计算的稳定性有很多类似之处．所以隐式与显式的相对优越性是不甚明确的．在第九章中将予讨论．

§5-3 稳定性分析

由上述例子可以看到，微分方程定解问题的适定并不能保证相应差分问题的适定．CFL 条件是波动方程适定的必要条件，但不一定是扩散方程适定的必要条件，可见 CFL 分析方法即使对于初值问题也不能普遍应用．它既不是差分方程适定的充分条件，也不是一个必要条件．符合 CFL 条件的差分格式可以是稳定的，也可以是不稳定的．用跳步法解波动方程时，即使不符合 CFL 条件也可以计算稳定，扩散方程中，差分问题的适定条件与 CFL 条件表面上甚为相似，但原则上有基本的不同．它不要求在有限情况下符合 CFL 条件，只要求在极限情况下符合 CFL 条件，例如格式 (5-4) 在不符合 CFL 条件时也能收敛．因而在扩散方程中也可以说没有 CFL 条件，即使有也是弱形式的．

CFL 条件往往被认为是从适定条件这一角度考虑计算的稳定性．前例明显地指出这是不适当的．现用 von Neumann 小扰动方法讨论差分格式计算的稳定性．用这一方法分析差分方程的稳定性时，对简单模式找到的稳定条件一般就是 CFL 条件，对复杂模式则不尽然如此．

小扰动法的概念是，设差分格式有某一个解，若在其上加一小的扰动，而这小扰动的强度不自动增加，则该解答或该差分问题在计算上即认为是稳定的．将扰动用 Fourier 分析把它分解成许多不同波长的波，而小扰动是由这些不同波长的波迭加而成．在既定的差分方程限制下，如任一波长的波扰动自动增加，则该差分问题在计算上即为不稳定．

举例如下：先考虑组成小扰动的一个波的分量，令

$$U^n = \lambda^n \exp[ikx] \tag{5-15}$$

式中 k 是波数，可以是任意的实数，λ 是放大系数．把 (5-15) 代入差分公式 (如差分格式是非线性的，应先行线性化)，将其共同的因子 (如 U_j^n) 消去后即得 λ 的一个多项式．如果是简单波动方程的 Lax-Wendroff 差分格式并注意 $x = j\Delta x$，可以得到

$$\lambda = 1 - r^2 + r^2 \cos k\Delta x - ir \sin k\Delta x \tag{5-16}$$

其中 $r = c\Delta t/\Delta x$，λ 是复数．为使计算稳定，要求小扰动的放大系数 λ 对任何波长 (包括 $k\Delta x = \pi$) 绝对值 $|\lambda|$ 均不大于 1，由于

$$|\lambda|^2 = 1 - (1 - \cos k\Delta x)^2 r^2 (1 - r^2) \tag{5-17}$$

所以 $r^2 \leqslant 1$ 即保证了 Lax-Wendroff 差分格式的稳定性．

若分析下述差分格式的扩散方程

$$U_j^{n+1} = U_j^n + \mathfrak{S}[U_{j+1}^n - 2U_j^n + U_{j-1}^n] \tag{5-18}$$

其中 $\mathfrak{S} = \nu\Delta t/\Delta x^2$．用同样方法可得

$$\lambda = 1 - 4\mathfrak{S}\sin^2 \frac{k\Delta x}{2} \tag{5-19}$$

故只需 $\Theta \leqslant \dfrac{1}{2}$ 就能保证 $|\lambda| \leqslant 1$.

又如波动方程的跳步差分格式

$$U_j^{n+1} = U_j^{n-1} + r(U_{j+1}^n - U_{j-1}^n) \tag{5-20}$$

用上述方法分析可以得到

$$\lambda - \lambda^{-1} = 2\pi r \sin k\Delta x \tag{5-21}$$

当 $r \leqslant 1$，$|\lambda| = 1$，所以对所有的 $r \leqslant 1$ 及 $k\Delta x$，这一格式为中性稳定，其优点是它总是稳定的，但其问题是由于 $|\lambda| = 1$，初值若有误差则不会衰减.

前述的各种差分格式均可用这一方法来检查其稳定性. 但在实际应用中要对许多线性差分方程得到一个简单的稳定条件并非容易，如果微分方程是非线性的，则更为困难. von Neumann 提出的这一简单方法一般只给出保证稳定的必要条件，但不一定是充分条件. 假如考虑比较复杂的边值问题，甚至非线性问题，那么这一方法给出的结果既不是充分条件，也不是必要条件. 尽管如此，此法还是被广泛应用着.

上述分析方法还存在一些基本问题，如：

（1）差分计算中的误差不一定是小扰动.

（2）差分计算中的误差不一定满足 Fourier 级数展开条件. 因为 Fourier 级数展开中要求不连续处的间断是有限的，而这一点得不到保证，尤其是当 Δt, $\Delta x \to 0$ 的时候.

（3）一般小扰动理论是检定某一形态的稳定性，小扰动是加于这一形态的. 在 von Neumann 方法中，讨论的不是某一形态的稳定性而是检定某一方法的稳定性. 从这个观点考虑，von Neumann 稳定性分析法的基础与一般物理形态稳定性分析并不相同.

§5-4　初值边值问题

对一个半平面内的扩散问题，为使其适定，需要给定 $t = 0$ 时所有 $|x| < \infty$ 上的初值，但在近似计算中，解域总是有限的，在解

域外的初值条件,对域内解有一定的影响,这些失去的初值应该用边界条件来代替. 这样扩散问题就变成了初值边值问题. 这样的初值边值问题是否适定有待分析,另外,由于显式格式都需考虑计算的稳定性,所以,下面以隐式差分格式来研讨初值边值问题.

设方程为

$$\frac{\partial u}{\partial t} - \frac{\partial^2 u}{\partial x^2} = k(x,t) \tag{5-22}$$

定义于域 D 中, $D = \{x,t \mid 0 \leqslant x \leqslant L, t \geqslant 0\}$ 初值为

$$u(x,0) = f(x), \quad 0 \leqslant x \leqslant L$$

边值为

$$u(0,t) = g(t), \quad u(L,t) = h(t), \quad t \geqslant 0$$

在 $t = \infty$ 处域是开的,不给任何条件. 但在特殊的两个边界点 $x = 0$ 与 $x = L$,可能给定了两个边值 $g(t \to \infty)$ 与 $h(t \to \infty)$,(5-22) 式中的 $k(x,t)$ 为源分布函数.

现将域 D 分割为

$$D_\Delta = \{x,t \mid x = j\Delta x, 1 \leqslant j \leqslant J, t = n\Delta t, n = 1,2,\cdots\}$$

采用时间后差,空间中差的隐式格式,则上式可离散为

$$U_{\bar{t}}(x,t) - [\theta U_{x\bar{x}}(x,t) + (1-\theta)U_{x\bar{x}}(x,t-\Delta t)]$$
$$= \theta k(x,t) + (1-\theta)k(x,t-\Delta t) \tag{5-23}$$

初值、边值为

$$U(x_j,0) = U_j^0 = f(x_j)$$
$$U(0,t) = U_0^n = g(t_n)$$
$$U(L,t) = U_{J+1}^n = h(t_n)$$

其中 θ 是参数,当 $\theta \neq 0$ 时,这式就是隐式,在差分方程组中将同时出现各点的未知函数值,它的依赖区域与微分方程的依赖区域相同. 把 (5-23) 式对任一点 i 展开后得到

$$(1 + 2\theta\mathfrak{S})U_j^n - \theta\mathfrak{S}(U_{j+1}^n - U_{j-1}^n) = [1 - 2(1-\theta)\mathfrak{S}]U_j^{n-1}$$
$$+ (1-\theta)\mathfrak{S}(U_{j+1}^{n-1} + U_{j-1}^{n-1}) + \Delta t[\theta k_j^n + (1-\theta)k_j^{n-1}] \tag{5-24}$$

其中 $\mathfrak{S} = \dfrac{\Delta t}{\Delta x^2}$.

如果写成矩阵形式,则矢量 U^n 的系数阵将是三对角阵,其截断误差可写成

$$e_T(x,t) = U_{\bar{t}}(x,t) - [\theta u_{x\bar{x}}(x,t) + (1-\theta)u_{x\bar{x}}(x,t-\Delta t)]$$
$$- [\theta k(x,t) + (1-\theta)k(x,t-\Delta t)]$$
$$= \frac{1-2\theta}{2}\Delta t \frac{\partial^2 u}{\partial t^2} + O(\Delta t^2 + \Delta x^2) \qquad (5\text{-}25)$$

由此可见,当 $\theta \neq \frac{1}{2}$ 时,上述差分格式是一阶的,所以 $e_T = O(\Delta t + \Delta x^2)$,但是当 $\theta = \frac{1}{2}$ 时,则为二阶的, $e_T = O(\Delta t^2 + \Delta x^2)$.

所以选用 $\theta = \frac{1}{2}$ 有利,这时的差分格式就是 Crank-Nicolson 格式(以后简称C-N格式).

若不考虑初边值误差和舍入误差,即令

$$e(x,0) = e(0,t) = e(L,t) = 0$$

而只考虑截断误差时,误差 $e(x,t) = U(x,t) - u(x,t)$ 所满足的方程可由 (5-23) 式与 (5-25) 式相减得

$$e_{\bar{t}}(x,t) - [\theta e_{x\bar{x}}(x,t) + (1-\theta)e_{x\bar{x}}(x,t-\Delta t)] = -e_T(x,t) \qquad (5\text{-}26)$$

展开后可写出任一 $n\Delta t$ 时的误差 $e(x,n\Delta t)$ 与前一时刻该点处误差 $e[x,(n-1)\Delta t]$ 之间的关系为(参见附录 (8))

$$(I + \theta \mathfrak{S}M)e^n = [I - (1-\theta)\mathfrak{S}M]e^{n-1} - \Delta t e_T^n \qquad (5\text{-}27)$$

式中 $e^n = (e_1^n, e_2^n, \cdots, e_J^n)^T$

$$M = 2I - (L_J + L_J^T)$$

设 $(I + \theta \mathfrak{S}M)$ 的逆矩阵可求,解上列方程式得

$$e^n = c e^{n-1} + \Delta t \sigma^n \qquad (5\text{-}28)$$

式中

$$c = I - (I + \theta \mathfrak{S}M)^{-1}\mathfrak{S}M$$
$$\sigma^n = -(I + \theta \mathfrak{S}M)^{-1}e_T^n$$

当逐步往下计算时,第 n 时刻误差的范数 $\|e^n\|$ 与初始误差的

范数 $\|e^{(0)}\|$ 间有如下关系(参见附录 (9)):

$$\|e^n\| \leqslant \|c\|^n \|e^{(0)}\| + \Delta t \, \frac{1 - \|c\|^n}{1 - \|c\|} \, \max_{\nu} \|\sigma^\nu\| \qquad (5\text{-}29)$$

为使误差解稳定,要求 $\|c\| < 1$.

如果我们采用 L_2 范数, $\|c\|_2$ 就可由特征值求得, 特征向量的求法可参照第三章中对 Laplace 方程的处理方法.

若 $\theta \geqslant \dfrac{1}{2}$, $\|c\| < 1$, 则对所有 $\Theta = \dfrac{\Delta t}{\Delta x^2}$ 都是无条件稳定.

若 $\theta < \dfrac{1}{2}$, $\|c\| < 1$, 那么只有 $\Theta \leqslant \dfrac{1}{2(1 - 2\theta)}$ 时才是稳定的.

由于 $\|c\| < 1$, 因此

$$\|e^n\|_2 \leqslant \|e^{(0)}\|_2 + \frac{\Delta t}{1 - \|c\|} O\left[\left(\theta - \frac{1}{2}\right)\Delta t + \Delta t^2 + \Delta x^2\right]$$

右端第二项为截断误差.

对 $\|c\|$ 作出初步估计后,我们可将上式写成下述近似式:

$$\|e^n\|_2 \leqslant \|e^{(0)}\|_2 + \max(1, \Theta\Delta t) O\left[\left(\theta - \frac{1}{2}\right)\Delta t + \Delta t^2 + \Delta x^2\right]$$

其中 $\max(1, \Theta\Delta t)$ 系指在 1 和 $\Theta\Delta t$ 中取最大值. 这表明最后的误差 $\|e^n\|_2$ 将小于、等于初始误差 $\|e^{(0)}\|_2$ 同乘上系数 $\max(1, \Theta\Delta t)$ 的截断误差之和. 当 $\Theta\Delta t = 1$, 即 $\dfrac{\Delta t^2}{\Delta x^2} \cong 1$ 亦即 $\Delta t \sim \Delta x$.

采用 C-N 格式解简单扩散方程的初边值问题最为有效,这时 $\theta = \dfrac{1}{2}$, $\left(\theta - \dfrac{1}{2}\right)\Delta t$ 项为零, $\Theta\Delta t$ 等于常数时,将有以下关系式

$$\|e^n\|_2 \leqslant \|e^{(0)}\|_2 + O(\Delta x^2)$$

这就成为一个与时间 t 无关的量. C-N 格式还有另一个优点,即这时 Lipschitz 常数与时间无关,因而可算很长的时间.

C-N 格式的运算虽然比一般的显式复杂,每一步计算时间可能比显式多数倍以上,但 C-N 格式可用较大的时间步长 Δt (即 $\Theta\Delta t = \dfrac{\Delta t^2}{\Delta x^2} =$ 常数或 $\Delta t = ($常数$)^{\frac{1}{2}}\Delta x$), 虽然 Δt 大小还要受精

度的限制,但总的计算时间往往可节省很多,而结果却更精确. 因此用 C-N 格式解简单扩散方程的初值边值问题是最佳的.

对于实际的扩散方程(例如二维问题)情况要复杂得多,其原因在于把扩散方程离散后所得的 M 矩阵,已不再是三对角阵,而将是有几条带的带状矩阵. 这时 $5\bar{n}$ 次乘除运算已不能求得解答,要用迭代法求解,运算量因而加大了. 例如,SOR 迭代法就要做 $\bar{n}^2$ 次运算. 有人建议用 ADI 法,认为 ADI 法运算量小,但这种说法并不一定正确,用 ADI 法一般要求最小和最大的特征值,甚为麻烦费事. 实际计算中,可以不去求最大特征值,而令其为 1,只要求最小特征值即可,但仍然费事,因为方程的阶次太高. 而加速的结果并不理想,再则边界条件通常也不像上述情况那么简单,实际经验表明 ADI 法并不比 SOR 法优越.

第六章 一 般 理 论

§6-1 导　言

本章将叙述差分近似计算的一般理论以及与实际计算相关的问题．内容上将不过于强调数学理论上的严谨性与完整性，只是讨论一些与所研究的问题有关的一般理论．在应用数学力学中，如解的存在性和唯一性，级数展开的收敛性和近似性等理论上的问题，在求近似解中往往不予注意．这就可能导致直观的推断方法或特定的近似方法，这样，在近似计算中有可能会造成严重的错误且难以觉察．因此，需要对一般性理论予以研讨，以获得一些必要的启示，使得差分近似计算能建立在可靠的基础上．

$$L[u(x, t)] = k$$

定义于 D 上，$D = S \times T$，$t \in T$，$x = (x_1, x_2, \cdots, x_n) \in S$．$L$ 为微分算子，u 为 t 与 x 的函数，t 与 x 为独立的自变量．$D \cup \partial D = (S \cup \partial S) \times (T \cup \partial T)$，通常 $\partial T = \{t_0\}$．当 $t_0 = 0$ 时，有初值条件 $u(x, 0) = \phi(x)$，$x \in S \cup \partial S$；u 在 ∂S 上所需满足的条件 $\Gamma(u) = \varphi(p)$ 称为边界条件，$p \in \partial S \times (T \cup \partial T)$，$\Gamma$ 为边界条件算子．初值条件也可以写成算子 I，即 $I(u) = \phi(x)$．初值条件与边界条件结合起来称为定解条件，即

$$B(u) = f(p), \quad p \in \partial D, \quad B = \{I\} \cup \{\Gamma\}$$
$$\partial D = [(S \cup \partial S) \times \partial T] \cup [\partial S \times (T \cup \partial T)]$$

如果一个微分问题满足下列三个条件，则称这个微分问题是适定的：

(1) 有一个有限的解 $u(x, t)$ 存在，即
$$\|u(x, t)\| \leqslant M$$

(2) 此解在 D 中是唯一的．

(3) 此解对于定解条件是连续相依的，即若 $\|\delta f\| \to 0$，则

$\|\delta u\| \to 0$，此处"δ"表示增量．即当定解条件有微小变化时，解的变化亦是微小的，或解对定解条件具有连续相依的性质．

上述适定性三个条件分别称为解的"存在性"．"唯一性"和"Lipschitz 连续性"条件．第三个条件是属于物理性质的，不具有"Lipschitz 连续性"的问题很多，例如表面波的 Taylor 不稳定问题，燃烧波及爆炸问题等．

§6-2 差分问题的协调性

假定微分问题

$$\begin{cases} L(u) = k(p), \ P(x, t) \in D \\ B(u) = f(p), \ P \in \partial D \ (\text{定解条件}) \end{cases} \tag{6-1}$$

是适定的．以 Δt，$\Delta x_i (i = 1, 2, \cdots, \bar{n})$ 为间隔把 $D \cup \partial D$ 离散为网格点集 $D_\Delta \cup \partial D_\Delta$．差分近似解 U 是网格点的函数，即解定义于 $D_\Delta \cup \partial D_\Delta$ 上．U 在某一种范数 $\|\cdot\|$ 下（在某种形式的空间中），近似于微分解 $u(p)$，$p \in D_\Delta$．这个差分解 U 应满足差分问题（差分方程组）

$$L_\Delta(U) = k(p), \ p \in D_\Delta$$
$$B_\Delta(U) = f(p), \ p \in \partial D_\Delta \tag{6-2}$$

如果差分算子 L_Δ，B_Δ 在某种意义下近似于微分算子 L 和 B，则称差分问题与微分问题是协调的，或称具有协调性．下面说明协调的具体含义．设 $\phi(p)$ 为定义于 $D \cup \partial D$ 上的任一足够光滑（足够多次连续可微）的函数．

在 $D_\Delta \cup \partial D_\Delta$ 上，L_Δ 和 B_Δ 所产生的截断误差分别为

$$e_T[\phi(p)] \equiv L[\phi(p)] - L_\Delta[\phi(p)], p \in D_\Delta \tag{6-3}$$
$$\beta[\phi(p)] \equiv B[\phi(p)] - B_\Delta[\phi(p)], p \in \partial D_\Delta$$

(6-3) 式中的二个式子分别为内点与边界点上的截断误差，如果当 Δt，$\Delta x \to 0$ 时，有

$$(\|e_T(\phi)\| \to 0) \wedge (\|\beta(\phi)\| \to 0) \tag{6-4}$$

成立（"$(\cdot) \wedge (\cdot)$"表示两个条件都成立）即

$$\|(L - L_\Delta)\phi\| \to 0$$

且

$$\|(B - B_\Delta)\phi\| \to 0$$

则称算子 L_Δ，B_Δ 与算子 L，B 是协调的，或称微分问题与差分问题是协调的． 当 Δt，Δx 独立地趋于零时，有 $(\|e_T(\phi)\| \to 0) \wedge (\|\beta(\phi)\| \to 0)$，则这种协调称为无条件协调． 如果 Δt 和 Δx 必须在某种条件下趋于零(如 $\Delta t/\Delta x \to 0$) 时，$(\|e_T(\phi)\| \to 0) \wedge (\|\beta(\phi)\| \to 0)$，此时差分问题称为条件协调． 由上述定义可知，协调性与所采用的范数有关，因此不能用不等价的范数． 在改变所采用的范数时，必须注意要使用等价的范数．

如果有舍入误差，则对差分解 U

$$L_\Delta(U) = k(p) + \rho(p), \quad p \in D_\Delta$$
$$B_\Delta(U) = f(p) + \sigma(p), \quad p \in \partial D_\Delta \tag{6-5}$$

式中 $\rho(p)$ 和 $\sigma(p)$ 分别为内点和边界点的舍入误差． 当计算是无限精确的情形下，考虑协调条件时可不计舍入误差．

在上述协调的定义中，需要注意下列几点：

(1) 协调性是指一个差分问题与微分问题之间的关系（包括内点及边界点的算子)，边界条件(及初值)，即定解条件与方程式是同等重要的．

(2) 协调的定义是用极限来定义的，即协调是在极限情形下的协调． 众所周知，当时空维数大于 2 时，即在 $p = (t, x_1, \cdots, x_n)$ 的多元情形下，有无穷多的途径使得 $p \to 0$ 如图 6-1 所示．

当 p 以不同的途径趋于零时，有时可能得到不同的极限，换言之，同一差分问题在不同的极限情形下，可能与不同的微分问题协调（这种情形与复函数中由 $z_1 = x_1 + iy_1$ 到 $z_2 = x_2 + iy_2$ 取不同途径可能得到不同的 $k(z)$ 一样，除非 $k(z)$ 为 z 的解析函数． 解析函数与积分路径无关的特性同这里所定义无条件协调是相似的． 微分导数与差分

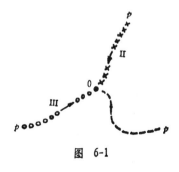

图 6-1

商的协调性并不能保证所得到的差分问题与原来的微分问题协调，如 Leap-Frog, Dufort Frankel 差分式与简单扩散方程

$$\frac{\partial u}{\partial t} - \frac{\partial^2 u}{\partial x^2} = 0$$

在 $\Delta t/\Delta x \to 0$，$\Delta x \to 0$ 的情形下是协调的，但在 $\lim \Delta t/\Delta x = c \neq 0$ 时，是不协调的。又如 $u_t - u_{xx}$ 的时间前差空间中差的格式与 $\frac{\partial u}{\partial t} - \frac{\partial^2 u}{\partial x^2}$ 则是无条件协调的。

(3) 在定义协调时，所用的 $\phi(p)$ 是一个任意的光滑函数，它不一定是微分问题的解 $u(p)$。在实际检验协调性时，一般是用 $\phi(p) = u(p)$ 代入差分式中来计算 e_T 与 β 的误差阶。然而，这样做可能把 e_T 与 β 的误差阶估计得过于精密，因为这里所用的 ϕ 不一定是 u，因为所计算的解不可能是 u，至少有舍入误差，使得网格上各点的 U 与 u 不会相同。从另一个观点看即使 U 与 u 在网格点上相同，就微分导数而言，其光滑函数也不一定是 u，因为 U 是定义于 u 的定义域的一个子集（网格点集）上，从数学上考虑，至多 U 是 u 关于函数值在网格点集上的限制。所以在检验协调性时所用的光滑函数 $\phi(p)$ 可以包含 u，但不一定就是 u。

§6-3 差分算子与差分问题的收敛性

设微分问题与相应的差分问题为

$$\begin{cases} L(u) = k(p), & p \in D \\ B(u) = f(p), & p \in \partial D \end{cases} \tag{6-6}$$

$$\begin{cases} L_\Delta(U) = k(p), & p \in D_\Delta \\ B_\Delta(U) = f(p), & p \in \partial D_\Delta \end{cases} \tag{6-7}$$

k 与 f 是确定微分问题的已知函数。

在差分问题 (6-7) 式中，L_Δ 与 B_Δ 为差分算子，k 与 f 为非齐次项，f 为初边值。一个差分问题是指一定的算子与相应的初边值而言。如果 k, f 稍有变动，微分解也稍有变动，用解析或计算的方法所得到的差分解也稍有变动，则称协调于微分（算子）问

题 (6-6) 的差分(算子)问题 (6-7) 是适定的. 而所谓收敛性是指差分问题的解在 Δx, $\Delta t \to 0$ 时, 向协调的微分问题的解收敛,亦即当 Δx, $\Delta t \to 0$ 时,有

$$\|U(p) - u(p)\| \to 0$$

$$p \in D_\Delta \bigcup \partial D_\Delta$$

如果这种收敛是在 $\Delta t / \Delta x$ 必须适合某种条件 $\left(如 \Delta t / \Delta x = \dfrac{1}{2}\right)$ 下来定义的,那么这种收敛被称为条件收敛.

当一个差分算子运用于离散函数时,其收敛与否常常与 k, f 所属的函数类有关. 一个差分算子,当 k, f 在适当的范围内稍微变动时,其运算结果总是有所不同的. 如果 k 与 f 可在此适当范围内任意改变,而其计算结果都是收敛的,则称这个差分算子是收敛的,只要 k 与 f 是在上述范围内变化. 但是,如果 k 与 f 的变动超出其"适当的范围",那么算子运算的结果很可能不收敛或虽然"收敛"而其极限并非为应得的解,例如有的算子对于 k, f 为光滑函数类范围内的任一函数其运算结果都是收敛的,但是对于某些非光滑函数就不收敛. 此类算子可能根本无用.

下面的例子指出,虽然差分解在相当广泛的情形下是一致收敛于微分解,但是有时却不能用来作计算.

例: 设一微分问题的微分方程及定解条件为

$$\begin{cases} L(u) = \dfrac{\partial u}{\partial t} - \dfrac{\partial u}{\partial x} = 0, \ t > 0 \\ B(u) = u(x, 0) = \exp(i\alpha x) \end{cases} \tag{6-8}$$

其相应的差分问题(时间前差、空间中差)为

$$\begin{cases} L_\Delta(U) = U_t - U_{\mathring{x}} = 0 \\ B_\Delta(U) = U(x, 0) = \exp(i\alpha x) \end{cases} \tag{6-9}$$

设 $\forall \alpha \in R$ (R 为实数集),其微分解为

$$u = \exp[i\alpha(t + x)] \tag{6-10}$$

而其差分解为

$$U(x, t) = \left[1 + i \dfrac{\Delta t}{\Delta x} \sin \alpha \Delta x \right]^{t/\Delta t} \leftarrow \exp(i\alpha x) \tag{6-11}$$

这一差分问题的解对于任何有限确定的 t 及所有的 x，只要 $|\alpha| \le M$（M 为有限值），则差分解（6-11）就一致收敛于微分问题的解（6-10），即

$$\lim_{\substack{\triangle x \to 0 \\ \triangle t \to 0}} U(x,t) = \exp[i\alpha(t+x)] = u(x,t)$$

对于 α 一致收敛.

非但如此，假如初值 $g(p)$ 能用有限的 Fourier 级数来代替，即

$$u(x,0) = \sum_{j=0}^{\bar{n}} \beta_j \exp(i\alpha_j x) \qquad (6-12)$$

其中 $\bar{n}$ 为有限数，那么算子就一定收敛. 一般说来，实际问题中的初值可用这种级数来近似，但将这样的初值放到计算机中去计算，就会发现这一差分格式是不稳定的（发散），而且根据 von Neumann 稳定性的分析，也可知这一差分问题是不稳定的. 由于截断误差和舍入误差等影响，至少要求在计算机中能够计算无限的 Fourier 级数，计算的结果所以不稳定，问题就在于"有限和不趋近于无限和".在计算机中所能够求解的，只是微分解的近似解，而在计算机中所得到的近似解是相当不光滑的，不能用 Fourier 有限和来代替. 虽然上述差分问题能在 Fourier 有限和的初值时一致收敛，但这并不能保证差分问题在 Fourier 无限和的初值时也能收敛，所以上述差分问题在计算机上不收敛是可以理解的. 可见上面所述"适当范围"含义至关重要.

狭义的收敛差分算子（如有限和，甚至于无限和）在实际应用中是没有意义的. 原因之一是由于无法控制初值适合于狭义函数的要求，此外要求的不是微分问题的准确解 u（光滑解本身），而是有足够精度的计算近似解 U 能适合于狭义函数的定义，但是因舍入误差等种种原因在计算机中的近似解 U 很可能不合乎上述狭义的定义，也可能是从不合乎上述狭义函数定义的初值中计算出来的. 我们希望某一差分算子所导致的差分问题的解在计算情形下能一致收敛. 要求算子收敛的范围能包括一切计算机中所能遇到的种种函数，这才能使计算顺利进行（即使原来的微分问题及差分

问题中的 f, g 是光滑的，一个算子收敛的要求比一个具体的差分问题收敛的要求严格得多）。在这种情形下，计算的近似解的误差才可以用初值误差来估计其上限。如果能确知上限，则计算与计算的格式就是稳定的。如果这种稳定的计算格式能在非常广泛的初值函数情况下，由计算得到适当的近似值，那么就说它是一种"收敛算子"。这要求初值能够包括足够广泛的函数类。这种稳定性概念同小扰动的概念是完全不同的。因为一个广泛的不光滑函数与一个光滑函数之差的大小可能是很小的，换言之，扰动可能是很小的，但不能也不应该用以前所讲的小扰动的办法来处理。而应从另一角度来处理稳定性，即要从保证差分近似解有上限来看稳定性。所以稳定性至少有两种不同的定义，这里先介绍第一种定义，以后再介绍第二种定义，最后来讨论其等价性。

§6-4 稳 定 性

下面所述的第一种稳定性的定义，便于说明协调性加上稳定性能导致收敛性这一关系。如果 (1) 某一差分格式的所有差分解 U，对 $L_\Delta(U)$ 与 $B_\Delta(U)$，存在 Lipschitz 有界，即存在一个常数 K，使得差分问题的所有解（包括计算解）有

$$\|U\| < K(\|L_\Delta(U)\| + \|B_\Delta(U)\|) \tag{6-13}$$

所谓"所有解"（包括所有的计算解在内）是指包括 $D_\Delta \cup \partial D_\Delta$ 上所有网格点的实函数。(2) Lipschitz 常数 K 不因 Δx, Δt 趋近于零而变，则称这一相应于 L 和 B 的 L_Δ, B_Δ 的差分格式是稳定的。若 Δt, Δx 是独立地趋于零，则称为无条件稳定，否则就称为条件稳定。

如果 L 和 B 是线性微分算子，其相应的 L_Δ 和 B_Δ 为线性差分算子，这时有

$$\begin{cases} L_\Delta(U-V) = L_\Delta(U) - L_\Delta(V) \\ B_\Delta(U-V) = B_\Delta(U) - B_\Delta(V) \end{cases}$$

若线性差分算子 L_Δ, B_Δ 是稳定的，按照稳定性的定义有

$$\|U-V\| \leqslant K[\|L_\Delta(U-V)\| + \|B_\Delta(U-V)\|]$$

$$= K\|L_\Delta(U) - L_\Delta(V)\| + K\|B_\Delta(U) - B_\Delta(V)\| \quad (6\text{-}14)$$

假使 U, V 均为同一差分问题的解，那么就应满足下列条件

$$L_\Delta(U) = L_\Delta(V) = k$$

与

$$B_\Delta(U) = B_\Delta(V) = f$$

于是，由上述不等式可得到 $\|U - V\| = 0$，即 $U \equiv V$. 这样，一个稳定的线性差分算子所导致的差分问题的解就是唯一的. 假如 U, V 为差分问题的近似解，那么 $L_\Delta(U) - L_\Delta(V)$, $B_\Delta(U) - B_\Delta(V)$ 就不一定为零，其差称为"剩余"，若此剩余很小，则近似解的误差也将很小. 所以，当差分问题为稳定时，两个计算解的误差是有界的，在 Δt, Δx 趋近于零的情况下，其误差亦趋于零，即在稳定时所得到的差分解将趋向于唯一的极限. 显然，"稳定性"是差分问题本身的性质，是由 L_Δ, B_Δ 所决定的，L_Δ, B_Δ 是差分问题的特性，而不只是差分格式的特性. 不能说某一格式是稳定的，比如说 Friedrichs 格式是稳定的格式，这样的提法不确切. 应该说 Friedrichs 格式用到波动方程上，这个差分问题是稳定的. 因为稳定性是根据 L_Δ, B_Δ 来定义的，而 L_Δ, B_Δ 是根据不同的微分方程而变，所以这里所说的稳定性不是某一差分格式的稳定性.

现将稳定性这一概念扩充到差分格式上去，如果一个差分格式应用于某一类问题上，所导致的差分算子是稳定的（即对广泛的初值函数的差分问题都是稳定的），即可认为此差分格式对于这一类差分问题是稳定的. 所谓"一类差分问题"系指相应于某类微分方程，加上一定的定解条件，只有在一定条件下的限制下才有所谓格式的稳定. 例如在谈到 Friedrichs 格式时，说它是稳定的，是指把这种格式用于具有柯西（Cauchy）初值的线性波动问题上，所得到的算子在满足 $r \leqslant 1$ 的条件（CFL 条件）下是稳定的.

在 (6-13) 式中的 Lipschitz 常数 K 不因 Δx, Δt 趋近零而变，但 K 可为 t 与 x 的函数. 当 $t = n\Delta t$ 与 $x = J\Delta x$ 的值已取定，所得 Δx, Δt 趋近于零的意义是指 n, $j \to \infty$. K 可随已选定的 t 与 x 之值而变. 此 Lipschitz 常数 K 与 t 及 x 间的函数关系可因不

同的微分问题 (6-6) 及其相应的差分问题 (6-7) 而异. 一般说来, K 的存在与否, 是不确定的. (如果 K 存在, 就知道该差分问题是稳定的了). K 与 t, x 的函数关系也是不知道的. 但是在实际应用中所要求的近似解的误差都与 $K(t,x)$ 有相当密切的关系. 如在 (6-14) 式中将 V 取作微分问题的真解 u, 即知误差 $\|U - u\|$ 的上确界与 $K(t, x)$ 成正比. 所以能了解有关 $K(t, x)$ 函数的具体性质, 对用差分方法求微分问题的近似解是有很多帮助的. 下面举例来说明.

许多差分格式用于拉普拉斯方程的狄利克雷问题上都是稳定的, 而且极大极小定理 (3-10) 可以给出近似解 U 的上确界

$$\|U\| = \max_{D_\Delta \cup \partial D_\Delta} U \leqslant K(\max_{D_\Delta} |L_\Delta U| + \max_{\partial D_\Delta} |U|)$$

$$= K(\|L_\Delta(U)\| + \|B_\Delta(U)\|) \tag{6-15}$$

其中 $K \equiv \max(1, a^2/2)$, $B_\Delta(U)$ 包括初边值误差, $L_\Delta(U)$ 包括截断和舍入误差.

对于具有柯西 (Cauchy) 初值的与 (4-1) 式协调的双曲型算子 L_Δ 的问题, 则当条件 $r \leqslant 1$ 成立时, 用 Friedrichs 格式算出的结果, 有

$$\|U\| \leqslant K(\|f\| + \|k\|) = K(\|B_\Delta(U)\| + \|L_\Delta(U)\|) \tag{6-16}$$

其中 $K = \max(\sqrt{2}, 2t)$.

对于抛物型问题, 如式 (5-22) 的初值问题, 也可以写成下列格式

$$\begin{cases} L_\Delta(U) = k(x, t) \\ B_\Delta(U) = U(x, 0) = f(x) \end{cases}$$

用比较复杂的差分格式 (5-23), 并取 $\Delta t / \Delta x^2 = s \leqslant$ 适当的常数. 我们也可以得到

$$\|U(x, t)\| = \max |U(x, t)| \leqslant K(\|L_\Delta(U)\| + B_\Delta(U)\|) \tag{6-17}$$

其中 $K \equiv \max(1, t)$. 由以上可以看到, 双曲型差分算子与抛物

型的差分算子的基本稳定的格式非常相似. 椭圆型偏微分方程与常微分方程差分算子的稳定性有一定的类似点, 而且线性问题的计算近似解的误差也有这样类似的关系.

前例的隐式差分格式可以认为是对各种问题都适用的稳定格式. 但这并不是说在任何条件下隐式用于各种差分方程都是稳定的. 例如, 对简单的扩散方程(见(5-1)式), 当参数 $\theta < \dfrac{1}{2}$ 时, Δt 受到稳定性的约束而有一定限制. 隐式格式并不可都用以去解许多复杂的混合型问题. 以后将专门予以阐述, 并把隐式格式与显式格式作一比较.

§6-5 Lax 等价定理

在此以前已讨论过差分算子与微分算子的协调性, 差分算子的稳定性与收敛性. 现将这三个概念联系起来.

Lax 等价定理

设 L_Δ 和 B_Δ 为线性差分算子, 它们是稳定的, 而且和线性微分算子 L 和 B 协调, 其微分问题是适定的, 则在 Δt, Δx 趋于零时, 差分解 U 收敛于微分解 u,

$$\lim_{\substack{\Delta t \to 0 \\ \Delta x \to 0}} \|U - u\| = 0 \tag{6-18}$$

即

$$\text{稳定性} + \text{协调性} \Longrightarrow \text{收敛性}$$

证明

$\forall D_\Delta \cup \partial D_\Delta$ 及 $p \forall D_\Delta$, 有

$$(L_\Delta[U(p)] = k(p)) \wedge (L[u(p)] = k(p))$$

略去舍入误差, 则有

$$0 = L_\Delta(U) - L(u)$$
$$= \{L_\Delta[U(p)] - L_\Delta[u(p)]\} + \{L_\Delta[u(p)] - L[u(p)]\} \tag{6-19}$$

同理, $p \forall \partial D_\Delta$, 有

$$0 = \{B_\Delta[U(p)] - B_\Delta[u(p)]\} + \{B_\Delta[u(p)] - B[u(p)]\}$$

$$(6\text{-}20)$$

在 (6-19) 与 (6-20) 中,代入 (6-3) 式,

$$L_\Delta[U(p)] - L_\Delta[u(p)] = e_T[u(p)], \quad p \in D_\Delta \quad (6\text{-}19\text{a})$$

与

$$B_\Delta[U(p)] - B_\Delta[u(p)] = \beta[u(p)], \quad p \in \partial D_\Delta \quad (6\text{-}20\text{a})$$

分别为在内点和边界点上的截断误差。

运用算子 L_Δ 与 B_Δ 的稳定性条件,由稳定性定义知

$$\|U - u\| \leqslant K[\|L_\Delta(U - u)\| + \|B_\Delta(U - u)\|]$$

由于算子是线性的,所以有

$$L_\Delta(U - u) = L_\Delta(U) - L_\Delta(u)$$

与

$$B_\Delta(U - u) = B_\Delta(U) - B_\Delta(u)$$

于是由 (6-19a) 及 (6-20a) 得知

$$\|U - u\| \leqslant K[\|e_T(u)\| + \|\beta(u)\|]. \qquad (6\text{-}21)$$

(6-21) 式表明稳定性可以保证任何计算解的误差是有上限的,而且这个上限由 $\|e_T(u)\| + \|\beta(u)\|$ (截断误差) 来控制。

由于 L_Δ, B_Δ 与 L, B 是协调的,所以

$$\lim_{\substack{\Delta t \to 0 \\ \Delta x \to 0}} \|e_T(u)\| = 0$$

与

$$\lim_{\substack{\Delta t \to 0 \\ \Delta x \to 0}} \|\beta(u)\| = 0$$

于是,就得到 (6-18) 式

$$\|U - u\| \to 0, \quad \text{当 } \Delta t, \ \Delta x \to 0 \text{ 时}$$

定理的结论得到了证明。

通常,一个问题是线性的还是非线性的,不能只看方程算子是线性的或非线性的,且只考虑 L_Δ 的截断误差,而不考虑 $B(u)$ 与 $B_\Delta(U)$。在实际问题中常常存在方程为线性的,而边界条件为非线性的情形。例如,某一扩散方程为线性的,但在边界上存在辐射

热量，边界条件则是非线性的，这就不是一个线性问题．因此，一个问题是线性的，还是非线性的，必须将方程算子的性质同边界条件算子的性质同时加以考虑．

如果 L_Δ 或 B_Δ（L 和 B）为非线性算子，那么上述论证只有在满足

$$\|L_\Delta(U - u)\| \leqslant \|L_\Delta(U) - L_\Delta(u)\|$$

与

$$\|B_\Delta(U - u)\| \leqslant \|B_\Delta(U) - B_\Delta(u)\| \qquad (6\text{-}22)$$

条件时，才能成立．但困难正在于怎样判别这个条件是否满足．(6-22)式并非三角不等式．目前还不知在何种特殊情况下才可以适合上述要求，也不知如何处理非线性项，才能使条件 (6-22) 得以满足，此即从理论上分析非线性问题最重要的难点．往往即使微分问题是适定的，却不能保证差分近似解的收敛性．目前，只能对于个别问题用实验的方法来验证其计算结果．我们可以从证明 Lax 等价定理的基本概念来讨论由计算所得到的结果是否符合要求，而不能由分析所得到的条件来检验解的收敛问题．

Lax 等价定理还可以叙述为

一个稳定的协调的线性差分问题具有收敛的近似解．这个近似解可向微分问题的唯一解收敛．

如果在差分计算中有误差，如舍入误差 $\rho(p)$, $\sigma(p)$，分别对应于内点上和边界点上．设相应的计算解为 w（不可能计算出 U），那么就有

$$L_\Delta(w - u) = e_T\{u(p)\} + \rho(p), \quad p \in D_\Delta$$

与

$$B_\Delta(w - u) = \beta\{u(p)\} + \sigma(p), \quad p \in \partial D_\Delta$$

由稳定性条件，有

$$\|w - u\| \leqslant K\{\|e_T\| + \|\beta\| + \|\rho\| + \|\sigma\|\} \qquad (6\text{-}23)$$

由 (6-23) 式可知，若 Δx, Δt 选配适当，计算解的误差就可能较小．在实际计算中，宜用所谓"平衡"格式，这指 ρ 和 σ 同 e_T 和 β 大致相同，即计算误差同截断误差大小相当．没有道理选用很小

的截断误差，也没有道理一定要用很小的舍入误差来研究问题，所以既没有道理一定要用很大的网格，也没有道理用很小的网格，而要选得适当，以形成平衡格式.

上述的稳定性条件往往过于严格. 首先，要求

$$\|U - u\| \to 0$$

就要求 $e_T \to 0$，实际上可以把这一要求放松，若 Lipschitz 常数 K 随 e_T 变时，只要

$$K\|e_T\| \to 0, \qquad (6\text{-}24)$$

亦可收敛. 所以假设用高阶精度的差分格式可以减低稳定性在收敛性上的限制，那么 K 就可以比 e_T 的某一次幂的阶低一些，只要 $K \sim (1/\Delta x)^{\lambda_1}$ 的幂指数 λ_1 小于 $e_T \sim (\Delta x)^{\lambda_2}$ 的幂指数 λ_2，这也能满足 (6-24) 式. 即高阶的差分格式往往有利于差分解的收敛，常数 K 大些也无妨. 但是高阶差分格式往往导致差分问题的不稳定，而且比较复杂，所以高阶差分法在应用上不一定是有利的.

此外，从 $\|U - u\|$ 的上限来看，$L_\Delta(U)$ 与 $B_\Delta(U)$ 的 Lipschitz 常数 K_{e_T}，K_β 一般是不同的. 在前式中我们取了 $K = \max(K_{e_T}, K_\beta)$. 如果不取极大值，而对于 L_Δ 和 B_Δ 保持不同的 Lipschitz 常数值，就有

$$\|U\| \leqslant K_{e_T}\|L_\Delta(U)\| + K_\beta\|B_\Delta(U)\| \qquad (6\text{-}25)$$

当边界条件很简单时，很可能边界条件没有误差，或只有很小的舍入误差，这时 K_{e_T} 将是主要的问题，在这种情形下，只要 L_Δ 与 L 是协调的，收敛就可达到，而不必考虑边界条件. 但这并非说，在一般情形下边界条件算子 B_Δ 与 B 的协调性可以不必考虑. 有时这将造成很多错误，在计算上导致不正确的结果.

在实际计算中，边界条件相当重要. 从物理上来看，微分方程 $L(u) = k$ 给出问题的定性描述，而初边值条件 $B(u) = f$ 则给出问题的定量描述. 常常由于处理初值条件的方法不同（如增加边界条件的范围，加初值等），而把原来的问题作了很重要的改变，虽然有时也可能算出的结果误差不大，但这种情形应尽量避免，因为不知道 K_β 是否小，也不知道是否 $K_\beta \ll K_{e_T}$.

第七章　von Neumann 稳定性分析

在第五章中我们曾用小扰动方法讨论稳定性问题,这方法对标量形式的方程式比较方便,但对矢量形式的方程组则较困难.本章将从另一观点讨论 von Neumann 稳定性分析法,这方法更便于分析矢量形式方程组的稳定性. 在上一章中,我们根据差分算子的有限性给出了稳定性的定义,这对证明等价性原理是非常方便的,但在实际应用中证明一个差分算子的有限性却是一个比较困难的问题,至今仍无简单而有效的方法.

从计算的角度看,计算结果应该满足 $\|U\| \leqslant K\|U_0\|$,这里 U_0 是初值,K 是某个常数. 实际上微分方程解的稳定性就是这样定义的,差分方程解的稳定性也可以这样定义,这一个概念非常重要. 于是有了两个稳定性的定义:一个是用初值的界;另一个是用算子的界. 在某种情况下,可以证明这两个定义是等价的. 在本章中还将说明它们同 von Neumann 稳定性分析的关系.

§7-1　L_2 范数意义下的有界性

这里 von Neumann 稳定性检验法并不是从"小扰动"的概念出发,而是基于以下三个假定:

(1) 线性常系数方程组;

(2) 周期性问题,以 2π 为周期,即

$$U(t, x + 2\pi) = U(t, x)$$

(3) 取 L_2 范数或与 L_2 范数等价的范数. 为简单起见,这里只考虑初值问题. 我们考虑差分格式

$$H_1 U^{n+1} = H_0 U^n \tag{7-1}$$

其中 H_1, H_0 为 $\bar{n} \times \bar{n}$ 方阵,U^{n+1}, U^n 为 $\bar{n}$ 维矢量,分别表示 $U[(n+1)\Delta t]$ 与 $U[n\Delta t]$,在式 (7-1) 中不包含 $U[(n-1)\Delta t]$,

$U[(n-2)\Delta t]$ 等,即式 (7-1) 为二层隐式差分格式.

　　令

$$V(t, k) = \frac{1}{2\pi} \int_0^{2\pi} U(t, x) e^{-i\Sigma k_j x_j} i \, dx \qquad (7-2)$$

表示 $U(t, x)$ 的 Fourier 变换, 其中 $k_j x_j$ 可以是矢量, 于是由式 (7-1) 和 (7-2) 可得

$$H_1 V^{n+1}(k) = H_0 V^n(k) \qquad (7-3)$$

假定 H_1 是可逆的, 那么 $V^{n+1}(k) = H_1^{-1} H_0 V^n(k)$

$$V(t + \Delta t, k) = G(k_i, \Delta x_i, \Delta t) V(t, k) \qquad (7-4)$$

其中 $G = H_1^{-1} H_0$ 称为放大矩阵.

如果初始值为

$$U(0, x) = f(x) \qquad (7-5)$$

则

$$V(0, k) = \frac{1}{2\pi} \int_0^{2\pi} f(x) e^{-i\Sigma k_j x_j} i \, dx \qquad (7-6)$$

由式 (7-4)

$$V(t, k) = G^n(k_i, \Delta x_i, \Delta t) V(0, k) \qquad (7-7)$$

其中 $n = \dfrac{t}{\Delta t}$. 由于 $U(t, x)$ 是以 2π 为周期的函数,所以可用 L_2 范数

$$\|U(t)\|_2 = \left[\frac{1}{2\pi} \int_0^{2\pi} |U(t, x)|^2 dx \right]^{\frac{1}{2}} \qquad (7-8)$$

根据 Parseval 恒等式,有

$$\|U(t)\|_2 = \left[\int_{-\infty}^{\infty} |V(t, k)|^2 dk \right]^{\frac{1}{2}} \qquad (7-9)$$

将式 (7-7) 代入 (7-9) 可得

$$\|U(t)\| \leqslant \max_k \|G^n(k_i, \Delta x_i, \Delta t)\| \left[\int_{-\infty}^{\infty} |V(0, k)|^2 dk \right]^{\frac{1}{2}}$$

$$= \max_k \|G^n(k_i, \Delta x_i, \Delta x)\| \cdot \|U(0)\| \qquad (7-10)$$

此式中所有的 $\|\cdot\|$ 都是 L_2 范数. 如果对任意的 n

$$0 \leqslant n\Delta t \leqslant T$$

下式

$$\|G^n(k_i, \Delta x, \Delta t)\| \leqslant K \quad (K \text{ 为一有限常数}) \qquad (7\text{-}11)$$

成立,则对所有的 $U(t, x)$ 及 $f(x)(0 \leqslant t \leqslant T)$ 下式成立,

$$\|U(t)\| \leqslant K\|U(0)\| \qquad (7\text{-}12)$$

显然,在 L_2 范数意义下的稳定性是 G^n 一致有界的推论. 式(7-12)只是在 L_2 范数意义下才成立.

从 (7-11) 式可知

$$\rho^n(G) = \rho(G^n) \leqslant \|G^n\| \leqslant K \qquad (7\text{-}13)$$

其中 $\rho(G)$ 是 G 的谱半径,所以

$$\rho[G(k_i, \Delta x_i, \Delta t)] \leqslant K^{\frac{1}{n}} = K^{\frac{\Delta t}{T}} \leqslant 1 + K^{\frac{\Delta T}{T}} \qquad (7\text{-}14)$$

此式说明,如果存在常数 M 使得谱半径 ρ 对所有的 k 满足

$$\rho[G(k_i, \Delta x, \Delta t)] \leqslant 1 + M\Delta t \qquad (7\text{-}15)$$

则此差分式是稳定的. 这就证明了 (7-15) 式是 L_2 一稳定的必要条件. 如果 $GG^* = G^*G$ (即 G 为正规阵),那么式 (7-15) 也是 L_2 一稳定的充分条件. 当 $M = K/T > 0$ 时,属于弱稳定形式,当 $M = 0$ 时,则与小扰动法得到的条件极为相似. 当满足弱稳定条件时,它虽然是发散的,但发散的很慢,在一定范围内仍然可以得到近似解答. 强稳定与弱稳定的区别在于:强稳定对计算结果有**严格**的要求,满足这一个条件时,计算结果的误差不会太大,而弱稳定通常以线性或一定幂次的方式发散,它是一种弱发散,在工程上有实际意义. 在强发散情况下由于发散很快,计算结果无法使用. 但在弱发散情况下,很可能几百次或几千次以后才趋于发散,在这之前的计算结果往往是有用的,甚至可以近似地作为问题的解答. 当用跳步法计算时就有这种情形.

§7-2 两种定义的等价性

von Neumann 稳定条件

$$\|U(t)\| \leqslant K\|U(0)\| \qquad (7\text{-}16)$$

与上一章中稳定性的定义

$$\|U\| \leqslant K\|L_\Delta(U)\| \qquad (7\text{-}17)$$

不一致,这一节我们以一种特殊情况说明这两个定义是等价的. 令

$$\Delta t L_\Delta U(t, x) = U(t + \Delta t, x)$$
$$- \sum_{|j| \leqslant n} c_j U(t, x + j\Delta x) \qquad (7\text{-}18)$$

并定义下述等价于 L_2 范数的范数

$$\|U\| = \sup_{0 \leqslant t_n \leqslant T} \|U(t_n)\| \qquad (7\text{-}19)$$

这里不考虑 T 趋向无限的情况. 类似地定义

$$\|L_\Delta(U)\| = \sup_{0 \leqslant t_n \leqslant T} \|L_\Delta U(t_n)\| \qquad (7\text{-}20)$$

及

$$\|B_\Delta(U)\| = \|U(0)\| \qquad (7\text{-}21)$$

如 $B_\Delta(U)$ 是 t 的函数,则 (7-21) 式应改为

$$\|B_\Delta(U)\| = \sup_{0 \leqslant t_n \leqslant T} \|U(t_n)\|$$

这时"有限算子"的稳定定义为

$$\|U\| \leqslant K(\|L_\Delta(U)\| + \|B_\Delta(U)\|) \qquad (7\text{-}22)$$

若在域 D_Δ 上所有的 $L_\Delta(U) = 0$, 注意到 (7-21) 式,上式将成为

$$\|U\| \leqslant K\|U(0)\| \qquad (7\text{-}23)$$

与 von Neumann 稳定条件 (7-16) 一致. 问题在于 $L_\Delta U(t, x)$ 不为零时二者是否相同,此时从 (7-18) 式作 Fourier 变换得

$$V(t + \Delta t, k) = G(k_i, \Delta x_i, \Delta t)V(t, k)$$
$$+ \frac{\Delta t}{2\pi} \int_0^{2\pi} e^{-ikx} L_\Delta U(t, x)dx \qquad (7\text{-}24)$$

这里 kx 可以理解为两个向量的标量积. 于是

$$V(t, k) = G^n V(0, k)$$
$$+ \frac{\Delta t}{2\pi} \sum_{v=0}^{n-1} G^v \int_0^{2\pi} e^{-ikx} L_\Delta U(t - v\Delta t, x)dx \qquad (7\text{-}25)$$

此时 $\qquad 0 \leqslant v\Delta t < t, \quad t = n\Delta t.$

这里 $G^n V(0, k)$ 为初值误差引起的误差积累, (7-25) 式右边第二项为包括舍入误差在内的各种计算误差的积累. 显然

$$\|V(t, k)\| \max_{0 \leqslant v \leqslant n} \|G^v(k_i, \Delta x_i, \Delta t)\| \cdot \{\|V(0, k)\|$$

$$+ \Delta t \sum_{\nu=0}^{n-1} \left\| \frac{1}{2\pi} \int_0^{2\pi} e^{-ikx} L_\Delta U(t - \nu_{\Delta t}, x) dx \right\| \} \qquad (7\text{-}26)$$

这里 $\|G^\nu\|$ 为最大范数,所以 (7-25) 式中等号换成 (7-26) 式的不等号,将 (7-26) 式两端平方并且对 k 求和,利用 Parseval 恒等式

$$\|L_\Delta U(t')\|^2 = \frac{1}{2\pi} \sum_{k=-\infty}^{\infty} \left| \int_0^{2\pi} e^{-ikx} L_\Delta U(t'x) dx \right|^2 \qquad (7\text{-}27)$$

然后用 Schwartz 不等式

$$[\Sigma(1, d)]^2 \leqslant (\Sigma 1)(\Sigma d^2) \qquad (7\text{-}28)$$

对所有 $n \Delta t \leqslant t$,可以得出(参见附录 (10))

$$\|U(t)\| \leqslant \sqrt{2} \sup_{\substack{\nu \leqslant n \\ |k| < \infty}} \|G^\nu(k_j, \Delta x, \Delta t)\| \cdot \{\|v(0)\|$$

$$+ t \cdot \max_{t' < t} \|L_\Delta U(t')\| \} \qquad (7\text{-}29)$$

式中 $t' = t - \nu_{\Delta t}$

这与前章中所得 (6-21) 式的结果符合. 如果 $\|G^\nu\|$ 一致有界,其上界为 K,则不等式 (7-29) 变成

$$\|U\| \leqslant K'K \{\|U_0\| + \|L_\Delta(U)\|\} \qquad (7\text{-}30)$$

其中 $K' = \sqrt{2} \max(I, T)$,这个不等式在 $n(x, t)$ 足够光滑的区间 $0 \leqslant t \leqslant T$ 与 $0 \leqslant x \leqslant L$ 内部成立(所谓足够光滑是指一个函数可以在 L_2 范数的意义下进行 Fourier 变换,并且它的边界条件用 L_2 范数处理),在这种情况下,计算可在 L_2 范数下作 Fourier 级数展开,或进行 Fourier 变换. 基本概念是收敛的意义指在 L_2 范数意义下的收敛,在最大范数意义下不一定收敛,而最大范数意义下收敛则必然导致 L_2 范数意义下的收敛,所以计算的结果可能不符合原来最大范数的要求.

上面是针对常系数方程及周期性问题情形下,证明了"协调性 $+$ 稳定性 $\Longrightarrow L_2$ 收敛性". 这里所指的是 L_2 意义下的协调,von Neumann 意义下的稳定性,Lax 用泛函的基本概念,又证明了协调的线性差分方程组如果收敛,一定要求稳定,而且把"协调性 $+$

稳定性 $\Longrightarrow$ 收敛性"的等价原理扩充到具有足够光滑系数的变系数差分方程. 波动方程中的系数及扩散方程中系数都可能是变系数,如果 Δx 不是处处相等的,无形中在常系数差分方程中又增加了变系数,这些变系数如果充分光滑还可以引用 Lax 等价原理论证解的收敛性. 所以在离散时宜用均匀的 Δx 或者使得 Δx 变化尽可能小.

因此,在一般用计算机求线性方程组近似解时,需要注意协调性与稳定性,如果我们能论证是协调与稳定的,则可以相信计算的结果是适当的近似解,当 Δt, $\Delta x \rightarrow 0$ 时,可保证收敛于准确的微分方程解.

在实际问题中,应用上述理论分析,即使是线性方程组,也还有些问题有待解决:

(1) 对变系数的线性方程,即使是周期性的问题的稳定性分析.

(2) 对非周期性的问题,并具有一定的边界条件,许多适用于周期性的解法不能用于非周期性情况,即使在有限的计算域 D_Δ 内,边界条件对微分问题是适定的,这些边界条件对差分问题的稳定性影响如何.

(3) 差分问题的协调条件是否成立,有时难以决定. 因为差分算子的极限有时因 Δt, $\Delta x \rightarrow 0$ 的情形不同而异. 微分问题与差分问题的协调是针对极限情况而言的,在偏微分方程中有几个变量,它的极限如何求? 且在实际计算中我们不可能模拟接近极限,如有可能,也不知道它是否满足协调条件,若不符合协调性,其影响如何?

对以上三个基本问题还没有得到圆满的解答,在实际应用上对上述问题 (1) 处理得比较成功(包括分析与计算两方面),对问题 (2) 较难处理,但可用计算来检查.

还有一个应注意的问题: 同一个实际问题,可用不同的变数写成不同的微分方程,这些微分方程对同一实际问题是等价的,解同一实际问题,这些微分方程应该得出相同结果的,但是用同一个差分格式把这些微分方程化为一些差分方程，这些差分方程并不一定是等价的，即不一定都是稳定的，或者不一定都是收敛的。

例如微分方程

$$\frac{\partial^2 u}{\partial t^2} = c^2 \frac{\partial^2 u}{\partial x^2} \tag{7-31}$$

与下面两组方程

$$\begin{cases} \dfrac{\partial u}{\partial t} = v \\ \dfrac{\partial v}{\partial t} = c^2 \dfrac{\partial^2 u}{\partial x^2} \end{cases} \tag{7-32}$$

和

$$\begin{cases} \dfrac{\partial v}{\partial t} = c \dfrac{\partial u}{\partial x} \\ \dfrac{\partial u}{\partial t} = c \dfrac{\partial v}{\partial x} \end{cases} \tag{7-33}$$

等价，两组方程可用时间前差空间中差写成下面两组不同的差分形式。

$$\begin{cases} \dfrac{U_j^{n+1} - U_j^n}{\Delta t} = V_j^n \\ \dfrac{V_j^{n+1} - V_j^n}{\Delta t} = c^2 \dfrac{U_j^n - 2U_j^n + U_{j-1}^n}{\Delta x^2} \end{cases} \tag{7-34}$$

和

$$\begin{cases} \dfrac{V_j^{n+1} - V_j^n}{\Delta t} = c \dfrac{U_{j+1}^n - U_{j-1}^n}{2\Delta x} \\ \dfrac{U_j^{n+1} - U_j^n}{\Delta t} = c \dfrac{V_{j+1}^n - V_{j-1}^n}{2\Delta x} \end{cases} \tag{7-35}$$

可以证明前者是不稳定的，后者是稳定的。

一个实际问题可以写成很多种微分方程组的形式，有时解这些微分方程组有结果，有时没有结果，或结果与实际不符合。所以如果评价某一离散计算格式对解流体力学问题有效，首先要分清是针对哪个变量(函数)的方程式而言。

在一般情形下 G 不是正规矩阵，所以上述对 $\rho(G)$ 的要求常是必要的但非充分的稳定条件,亦即 von Neumann 条件在一般情形下是必要的而不是充分的,按 von Neumann 分析结果选取的 Δt 仍可能使得计算不稳定.

还存在一些其它原因使得即使符合 von Neumann 条件但计算仍是不稳定. 对简单的数学模型,如单波方程或扩散方程,因为是一维的,矩阵是正规的,可以得到稳定性的必要且充分条件. 对较复杂的问题,并不尽然如是.

关于对稳定性的充分条件,从数学理论分析有些成果(参阅 Richtmyer 与 Morton 著《偏微分方程初值问题》,1965). 不过,用到分析实际问题,理论分析得出的一些条件没法满足,或仅适用于某些特定情况. 另外,前面所提出的三个基本问题(即变系数问题,周期性问题,边界条件问题)依然存在,所以即使能用这些充分条件,也对实际问题的适用范围是很有限的.

§7-3 局部线性稳定分析

上一节讨论了常系数线性方程的稳定分析,现将这一结果推广应用于非线性方程,但这需要引进下列的假定:

(1)为了把非线性差分(微分)方程线性化,我们将方程式的解理解为小扰动(或变分)和局部解的迭加,将此扰动解代入差分方程,略去高阶项,仅保留一阶项,则可以得到一次变分方程. 这个方程式的系数依赖于微分问题的解,因而是随地点 (x) 和时间 (t) 变化的.

(2)假定系数变化很慢,可以用不同网格点上的局部常数值来代替. 因而这些系数及相应差分式将随不同的网格点而变化.

(3)假定在每一网格点上的计算稳定性与相邻点无关. 这样在每一个网格点上可以用 von Neumann 稳定分析法找到关于 Δt 的局部稳定极限值.

(4)在每个内网格点上用局部值 $U^n(x)$ 计算该点处局部的稳定极限值. 取最小的局部稳定极限值 Δt 作为计算差分问题的 Δt 极限值.

应当指出，不同的线性化过程，导致线性化方程的不同形式，因而所得到局部线性化稳定准则将有差异．

下面选用 Richtmyer 和 Morton 的书中一例，进行阐述．有偏微分方程

$$\frac{\partial u}{\partial t} = \frac{\partial^2}{\partial x^2}(u^5) = \frac{\partial}{\partial x}\left(5u^4\frac{\partial u}{\partial x}\right) \tag{7-36}$$

满足下列初始条件

$$u_0 = u(x,\,0) = \phi[v(x_0 - x)] \tag{7-37a}$$

边界条件

$$u(0,\,t) = \varphi[v(Vt + x_0)]$$
$$u(L,\,t) = \varphi[v(Vt - L + x_0)] \tag{7-37b}$$

已知这个偏微分方程式的初边值问题一个准确解以隐式给出如下

$$\frac{5}{4}(u - u_0)^4 + \frac{20}{3}u_0(u - u_0)^3 + 15u_0^2(u - u_0)^2$$
$$+ 20u_0^3(u - u_0) + 5u_0^4\ln(u - u_0)$$
$$= v(Vt - x + x_0) \tag{7-38}$$

而上式的显式将是波速为常数 V 的进行波

$$u(x,\,t) = \phi[v(Vt - x + x_0)] \tag{7-39}$$

ϕ 为由 (7-38) 求出的反函数．

下面用上述局部线性化的稳定分析法，对此例进行分析．用时间前差，加权平均空间中心差分将 (7-36) 式离散化得

$$U_j^{n+1} - U_j^n = \frac{\Delta t}{\Delta x^2}\{\theta[\delta^2(U^5)]_j^{n+1} + (1 - \theta)[\delta^2(U^5)]_j^n\}$$
$$\tag{7-40}$$

其中空间中心差分算子

$$[\delta^2(\ )]_j^n = (\ )_{j+1}^n - 2(\ )_j^n + (\ )_{j-1}^n$$

θ 是权函数．(7-40) 式是非线性方程，利用下式将它线性化．

$$(U^5)_j^{n+1} - (U^5)_j^n = 5(U^4)_j^n(U_j^{n+1} - U_j^n) \tag{7-41}$$

得到线性化方程

$$(U_j^{n+1} - U_j^n) - \frac{5\theta\Delta t}{\Delta x^2} \left[(U^4)_{j+1}^n (U_{j+1}^{n+1} - U_{j+1}^n) \right.$$

$$- 2(U^4)_j^n (U_j^{n+1} - U_j^n) + (U^4)_{j-1}^n (U_{j-1}^{n+1} - U_{j-1}^n)]$$

$$= \frac{\Delta t}{\Delta x^2} \left[(U^5)_{j+1}^n - 2(U^5)_j^n + (U^5)_{j-1}^n \right] \tag{7-42}$$

在 (7-42) 中，如果函数值 U_j^n, U_{j+1}^n, U_{j-1}^n 为已知时，方程就成了以 $(U_j^{n+1} - U_j^n)$ 为未知量的线性方程. 也可以利用别的方法将 (7-40) 式线性化. 一种简单的方法是令

$$[\delta^2(U^5)]_j^{n+1} - [\delta^2(U^5)]_j^n$$

$$= 5(U^4)_j^n [(\delta^2 U)_j^{n+1} - (\delta^2 U)_j^n] \tag{7-43}$$

这时线性化的方程为

$$(U_j^{n+1} - U_j^n) - 5\frac{\theta\Delta t}{\Delta x^2}(U^4)_j^n [U_{j+1}^{n+1} - U_{j+1}^n$$

$$- 2(U_j^{n+1} - U_j^n) + (U_{j-1}^{n+1} - U_{j-1}^n)]$$

$$= 5\frac{\Delta t}{\Delta x^2}(U^4)_j^n [U_{j+1}^n - 2U_j^n + U_{j-1}^n] \tag{7-44}$$

将所有 U_{j+1}^n, U_j^n 和 U_{j-1}^n 视为常数，并对 (7-42) 式作 von Neumann 稳定分析，要求所有的波数 k 满足下列不等式

$$\left| \frac{1 - (1-\theta)s}{1 + \theta s} \right| \leqslant 1 \tag{7-45}$$

式中

$$s = 5(U^4)_j^n \frac{\Delta t}{\Delta x^2} [2 - (\alpha - \beta)\cos k\Delta x$$

$$- j(\alpha - \beta)\sin k\Delta x] \tag{7-46}$$

$$\alpha = \left(\frac{U_{j+1}^n}{U_j^n} \right), \qquad \beta = \left(\frac{U_{j-1}^n}{U_j^n} \right)$$

在所有网格点上，对于所有波数 k 都按 (7-45) 式计算 $\frac{\Delta t}{\Delta x^2}$ 的限制值，工作量非常大. 对方程 (7-44) 式作 von Neumann 稳定分析，可得到与 (7-45) 式相类似的关系，但是 $\alpha = \beta = 1$, 得出 $\frac{\Delta t}{\Delta x^2}$ 的显式极限表达式，当 $\theta < 1/2$ 时

$$5(U^4)_j^n \frac{\Delta t}{\Delta x^2} \leqslant \frac{1}{2(1-2\theta)} \tag{7-47}$$

当 $\theta \geqslant \dfrac{1}{2}$ 时,没有极限.

为了检验上述局部线性稳定分析的适用性,取 $\theta = 0.4$,$\dfrac{\Delta t}{\Delta x^2} = 0.001$,对方程式 (7-44) 式进行了计算. 参数 V 和 U_0 选为 $V \dfrac{\Delta t}{\Delta x} = 0.075$ 和 $5U_0^4 \dfrac{\Delta t}{\Delta x^2} = 0.005$,这值较 (7-47) 式所要求的 2.5 小得多. 计算结果 U_j 值在整个域内随时间 t 而增加. 根据 (7-47) 式,我们可以预计当 U_j^n/v_0 值超过 $(500)^{\frac{1}{4}} \cong 4.7$ 时,就会出现振荡幅度激烈加大的不稳定现象,如图 7-1 所示.

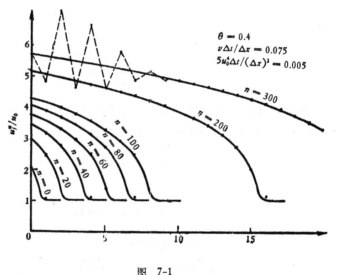

图 7-1

由图可见计算结果非常接近解析解,只有在波的根部例外. 在 $\dfrac{U_j^n}{V_0} > 5$ 的区域,计算解有振荡型不稳定性. 图中的点为计算值,曲线为解析解.

显然,根据差分方程 (7-44) 式得到的简单局部判别准则给出了满意的结果.

§7-4　将局部线性稳定分析用于 Navier-Stokes 方程

Navier-Stokes（以后简写成 N-S）方程是非线性方程，将上述线性化过程用于（N-S）方程得到的线性方程其表达式非常长。再利用 von Neumann 稳定分析得到的代数式将非常繁琐。要得到每个网格点上 Δt 的显式极限，需要花费大量的劳动。因此，寻求一个较为简单的物理模型以代替 N-S 方程，然后用这个简单物理模型的稳定性准则以代替原 N-S 方程的稳定性准则是有意义的。然而 N-S 方程在不同的区域其渐近性质及方程的类型是不同的。因而其稳定的性质和条件亦不相同。例如在近壁层，粘性有主要影响，方程的类型是抛物型或椭圆型的，在远离壁面处（粘性的影响可以忽略）方程的基本类型是双曲型。可是，同一差分格式对于一种类型的方程是稳定的，对于另一种类型变得不稳定。例如表（7-1）和表（7-2）中列出的几个对波动方程和扩散方程常用的差分格式。一个对于扩散方程稳定的差分式，但对波动方程则是不稳定的。又例如：Friedrichs 格式对波动差分方程稳定，但对扩散方程不稳定。

也有的格式对于两种类型的方程都是稳定的，但是 Δt 在不同的区域却有不同的限制值。波动方程要求 $c\dfrac{\Delta t}{\Delta x} \leqslant 1$，而扩散方程要求 $\dfrac{\Delta t}{\Delta x^2} \leqslant g$（$g$ 是某个常数）。条件 $c\dfrac{\Delta t}{\Delta x} \leqslant 1$ 通常是波动方程的差分格式所必需满足的 CFL 条件。对于这种对两类方程都能稳定的格式，只要 Δt 选择足够小，稳定性有可能得到满足。例如取

$$\Delta t \leqslant \inf_j \left[\frac{\Delta x}{c}, \ r\frac{\Delta x^2}{\nu} \right] \tag{7-48}$$

式中 c 是局部波速，ν 是局部运动粘性系数。r 是小于 1 的常数，取整个网点上对 Δt 限制最严的值，即最小的 Δt 值作为下一时间步长。在实际计算中为了简化对 Δt 的种种限制，可以采用一个安全系数。

表 7-1

序号	$L_\Delta(U)$ 与 $r = c\dfrac{\Delta t}{\Delta x} > 0$	$e_t = L_\Delta(u) - L(u)$	稳定条件
1	$(U_j^{n+1} - U_j^n) + r(U_{j+1}^n - U_j^n)$	$O(\Delta t, \Delta x)$	不稳定
2	$(U_j^{n+1} - U_j^n) + r(U_j^n - U_{j-1}^n)$	$O(\Delta t, \Delta x)$	若 $r \leqslant 1$
3	$(U_j^{n+1} - U_j^n) + \dfrac{1}{2}(U_{j+1}^n - U_{j-1}^n)$	$O(\Delta t, \Delta x^2)$	不稳定
4	$U^{n+1} - \dfrac{U_{j+1}^n + U_{j-1}^n}{2} + \dfrac{r}{2}(U_j^n - U_{j-1}^n)$	$O(\Delta t, \Delta x^2)$	若 $r \leqslant 1$
5	$U_j^{n+1} - U_j^{n-1} + r(U_{j+1}^n - U_{j-1}^n)$	$O(\Delta t, \Delta x^2)$	所有 r
大部分隐式格式			所有 r

表 7-2

$$L(u) = \left(\frac{\partial}{\partial t} - \kappa\frac{\partial^2}{\partial x^2}\right)u = 0$$

序号	$L_\Delta(u)$ 与 $\mathfrak{S} = r\dfrac{\Delta t}{\Delta x^2}$	$e_t = L_\Delta(u) - L(u)$	稳定条件
1	$(U_j^{n+1} - U_j^n) - \mathfrak{S}(U_{j+1}^n - 2U_j^n + U_{j-1}^n)$	$O(\Delta t, \Delta x^2)$	若 $\mathfrak{S} \leqslant \dfrac{1}{2}$
2	$\left(U_j^{n+1} - \dfrac{U_{j+1}^n + U_{j-1}^n}{2}\right) - \mathfrak{S}(U_{j+1}^n - 2U_j^n + U_{j-1}^n)$	$O(\Delta t, \Delta x^2)$	不稳定
3	$(U_j^{n+1} - U_j^{n-1}) - 2\mathfrak{S}(U_{j+1}^n - 2U_j^n + U_{j-1}^n)$	$O(\Delta t^2, \Delta x^2)$	不稳定
4	$(U_j^{n+1} - U_j^{n-1}) - 2\mathfrak{S}(U_{j+1}^n - U_j^{n+1} - U_j^{n-1} + U_{j-1}^n)$	$O(\Delta t^2, \Delta x^2)$	所有 $\mathfrak{S}$
大部分隐式格式			所有 $\mathfrak{S}$

实际计算中有时计算的不稳定性是由内部点开始的，这种现象说明上述扩散方程或纯波动方程对 N-S 方程只是一个很粗略的模式。在线性化形式中，N-S 方程可以认为是波动或扩散方程

的迭加，但是稳定的极限不能当作扩散方程或扩散方程的稳定极限值的迭加。因为特征值的确定不是一个线性问题。特征多项式的系数加一个小的扰动常常会导致最大特征值很大的改变。

为了说明上述情况，考虑一个一维的具有常系数 c 和 ν 的 Burgers 方程

$$\frac{\partial u}{\partial t} + c\frac{\partial u}{\partial x} = \nu\frac{\partial^2 u}{\partial x^2} \qquad (7\text{-}49)$$

当 c 和 ν 取网点的局部值时，(7-49)式可以认为是 N-S 方程在一维空间上线性化模式。它具有在不同区域上有不同的方程类型的基本特性。如果 (7-49) 方程中，时间项用前差，对流项用空间后差，扩散项用空间中差，可得出 von Neumann 稳定极限值是

$$\Delta t \leqslant \left(\frac{c}{\Delta x} + 2\frac{\nu}{\Delta x^2}\right)^{-1} \qquad (7\text{-}50)$$

假若波动和扩散方程稳定极限值差不多，则 (7-50) 式的稳定极限值是波动方程极限值 $\frac{c}{\Delta x}$ 和扩散方程 $\frac{\Delta x^2}{2\nu}$ 的一半。即(7-48)式求得的 Δt 所需的安全系数大致为 $\frac{1}{2}$。

下面考虑两个二维问题的模式

$$\frac{\partial u}{\partial t} + c\left(\frac{\partial u}{\partial x} + \frac{\partial u}{\partial y}\right) = \nu\left(\frac{\partial^2 u}{\partial x^2} + \frac{\partial^2 u}{\partial y^2}\right)$$

和

$$\frac{\partial u}{\partial t} + c\frac{\partial u}{\partial x} = \nu\left(\frac{\partial^2 u}{\partial x^2} + \frac{\partial^2 u}{\partial y^2}\right) \qquad (7\text{-}51)$$

假定 $\Delta x = \Delta y$，两种情况的稳定极限值分别是

$$\Delta t \leqslant \frac{1}{2}\left(\frac{c}{\Delta x} + 2\frac{\nu}{\Delta x^2}\right)^{-1}$$

和

$$\Delta t \leqslant \left(\frac{c}{\Delta x} + 4\frac{\nu}{\Delta x^2}\right)^{-1} \qquad (7\text{-}52)$$

这表明应用 (7-48) 式求出的 Δt 作为二维问题中的稳定极限值大致需要安全系数 $\frac{1}{4}$ 和 $\frac{1}{3}$。

根据线性化的 Burgers 方程所得到的稳定条件，在实际应用中不仅对解非线性的 Burgers 方程是满意的，而且对完整的 N-S 方程(边界条件正确处理)也有可能使计算趋于稳定.

§7-5 边界处理

当适当的局部线性稳定极限条件得到满足，通常即可避免内点出现计算不稳定的现象. 但在初边值问题的计算中，边界点的差分处理也能造成在边界区的解的波动. 这种波动自边界区传播到内点区. 有时波动的振幅很快衰减，在距离边界区较远的地方，波动趋于消失，直观感觉，在计算区中心的解，似乎并不受波动的影响，但事实上由边界波动而产生的误差，可能是相当大的. 有时因边界值的波动逐渐增大，向内点区域传递，而导致整个计算域内的解呈现出波动；或因而使得计算结果发散或不稳定. 这种现象在流体力学问题的计算中常能遇到. 因此，关于边界条件的处理，亦为研究数值模拟的重要组成部分. 物理上的边界条件，根据它的不同类型，可表述成一定的数学形式. 一旦物理模型确定，边界条件也就具有唯一的形式. 用差分离散处理边界条件所得到的差分格式却有多种，其中一些差分格式能影响到全域计算结果的稳定性. 只有稳定的边界差分处理才可能获得合理的近似解. 合理的边界条件处理不仅与物理问题的特性有关，也因域内点所用的差分格式不一而方法各异.

下面举例说明，用一维模式方程的局部线性化的稳定性分析，也可从中获得一些有用的启示：

考虑一维无粘性(理想)气体动力学的方程式，采用跳步法差分格式(参见表 7-1 中的格式 5)，

$$U_j^{n+1} - U_j^{n-1} = -A_j \frac{\Delta t}{\Delta x} [U_{j+1}^n - U_{j-1}^n] \qquad (7-53)$$

此式属于二阶精度差分格式，并且对于任何 $\frac{\Delta t}{\Delta x}$ 值，在所有内点都是稳定的. 为了求解，须给出在 $i = 1, 2 \cdots J$ 处的初值 U_j^0 和

U_j^1. 并且还须给出 $i=0$, $i=J$ 两网线上的边界条件.

外加的初值条件 (U_j^1) 通常可用 Taylor 级数在 $t=0$ 附近展开得到. 展开式所需要的高阶时间导数由初始条件 U_j^0 通过微分方程和它的时间导数来计算. 外加的 $i=J$ 网线上的边界值, 可以用各种不同的方法以给定. 方法之一是沿 x 方向外推, 即假定 U 对 x 的一阶导数很小, 有

$$U_j^n = U_{j-1}^n \qquad (7\text{-}54)$$

由 (7-54) 式可给出下列差分式

$$U_{j-1}^{n+1} - U_{j-1}^{n-1} = -A_{J-1}\frac{\Delta t}{\Delta x}[U_{J-1}^n - U_{J-2}^n] \qquad (7\text{-}55)$$

(7-53) 式在内点上是稳定的, 但是在边界上的 (7-55) 式不能保持稳定. 从局部线性稳定分析可知, 一个网格点的稳定性与邻域无关. 我们用 von Neumann 稳定分析法分析这个差分方程时, 若取 A_{J-1} 为常数, U 为未知标量函数, 可知差分式 (7-55) 常常是不稳定的, 具有放大因子

$$|\lambda| = \left|\frac{U_{J-1}^{n+1}}{U_{J-1}^n}\right| > 1$$

实际计算也证实了这种不稳定性, 即 $|U_j^n|$ 随着时间步数 n 而发散.

通过局部稳定性分析, 我们将发现如外加的边界条件 U_j^n 选为

$$U_J^n = \frac{1}{2}(U_{J-1}^{n+1} + U_{J-1}^{n-1}) \qquad (7\text{-}56)$$

就能得到稳定的计算. 于是在边界上差分关系是

$$U_{J-1}^{n+1} = \frac{1-\alpha}{1+\alpha}U_{J-1}^{n-1} + \frac{2\alpha}{1+\alpha}U_{J-2}^n \qquad (7\text{-}57)$$

式中 $\alpha = \frac{1}{2}A_{J-1}\frac{\Delta t}{\Delta x}$, 这样有

$$|U_{J-1}^{n+1}| \leqslant \max(|U_{J-1}^{n-1}|, |U_{J-2}^n|)$$

即下一个时间步 $(n+1)$ 的 U_{J-1}^{n+1} 值将保持有界. 由 von Neumann 局部稳定分析, 可得

$$\lambda = \frac{1-\alpha}{1+\alpha} \frac{1}{\lambda} + \frac{2\alpha}{1+\alpha} e^{-|K\Delta x|}$$

$$|\lambda| \leqslant \left| \frac{1-\alpha}{1+\alpha} \right| \frac{1}{|\lambda|} + \frac{2\alpha}{1+\alpha}$$

这样当 $-1 < -\dfrac{1-\alpha}{1+\alpha} < |\lambda| < 1$（如果 $\alpha < 1$）

或者

$$-1 < |\lambda| < \frac{\alpha-1}{\alpha+1} < 1 \quad （如果 \alpha > 1）$$

就可以得到稳定的计算.

　　这样在处理边界条件时，局部线性稳定分析可以帮助我们避免选择一些不稳定的边界处理，有时提示我们为了得到稳定的计算应如何处理边界.

　　下章讨论的能量分析法将用来直接处理一个差分问题的解的有限性，有时把边界条件的处理包括在内，又能得到有意义的启示.

第八章 变系数及非线性方程

§ 8-1 引 言

一般情况下,如果偏微分方程的解是光滑的,即使是变系数方程或者是非线性方程,其求近似解的方法与相应的线性常系数偏微分方程的求解方法基本相同. 所谓解是光滑的是指解 u 可以用一级数来表示它的近似值. 在这种情况下,一阶变分方程的差分问题解可以是这一级数的首项在 L_2 意义下的逼近,这一级数的高次项也可以用高阶变分方程的差分问题解来近似.在这个概念下,非线性差分问题的解可以说是原来非线性微分问题的近似解. 因此,如果一个偏微分方程的系数在一定的范围内光滑地变化而不改变其特性,例如不改变方程所属的类型,我们在求其近似解时可不必考虑其系数的变化而采用和解常系数方程相类似的方法.

非线性偏微分方程的解不一定光滑,也可能改变方程类型从而改变其特性,这种问题在流体力学中是常见的. 即使一个非线性问题的初值是光滑的,但它的解很可能不光滑,下面是一个很简单的例子:

有一阶偏微分方程

$$L(u) = \frac{\partial u}{\partial t} + u \frac{\partial u}{\partial x} = 0 \qquad (8-1)$$

要求满足初值

$$u(x, 0) = \sin 2\pi x \qquad (8-2)$$

和边值

$$u(0, t) = u(1, t) = 0 \qquad (8-3)$$

由 (8-1) 式可见, 当 $\frac{\partial u}{\partial x} < 0$ 而 $u > 0$ 时,则 $\frac{\partial u}{\partial t} > 0$ 亦即 u 随时间增加而增加. 当 $\frac{\partial u}{\partial x} > 0$ 而 $u > 0$ 时,则 $\frac{\partial u}{\partial t} < 0$,亦即 u 随

时间增加而减小. 在 $u = 0$ 处, $\dfrac{\partial u}{\partial t} = 0$, 即随着时间 t 的增加, 原来流速为零的地方始终为零. 现在来分析初值 $u(x, 0)$ 为正弦光滑曲线时 (见 8-2 式) 随着时间 t 的增长流速分布的变化情况. 首先我们注意到, 原来流速为零的 $x = 0$, $\dfrac{1}{2}$, 1 处有 $u(0, t) = u\left(\dfrac{1}{2}, t\right) = u(1, t) = 0$. 另外, 曲线左边部分 $\left[0 < x < \dfrac{1}{4}\right]$ 处流速随时间增加而减小并趋向于零, 曲线中段偏左部分 $\left[\dfrac{1}{4} < x < \dfrac{1}{2}\right]$ 开始时流速随时间增加而增加, 从而随着时间增长 u 的极大点从 $x = 1/4$ 处向右移动, 由于 $u\left(\dfrac{1}{2}, t\right) = 0$, 所以最大流速值的横坐标不能超过 $\dfrac{1}{2}$. 将方程 (8-1) 从零到 $\dfrac{1}{2}$ 积分, 就有

$$\frac{\partial}{\partial t} \int_0^{1/2} u \, dx = -\int_0^{1/2} \frac{1}{2} \frac{\partial u^2}{\partial x} dx = -\left. \frac{1}{2} u^2 \right|_0^{1/2} = 0 \quad (8\text{-}4)$$

从而在 $\left[0, \dfrac{1}{2}\right]$ 上曲线的面积不变, 既然流速最大值处的横坐标

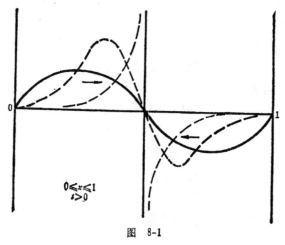

$0 \leqslant x \leqslant 1$
$t > 0$

图 8-1

趋近 $x = \frac{1}{2}$，这里的纵坐标必将变得很大．同理可以得出 t 无限增大，曲线从右侧接近 $x = \frac{1}{2}$ 时，曲线的纵坐标趋于负无穷大，而 $u\left(\frac{1}{2}, t\right) = 0$ 从而 $t \to \infty$ 时，$u(x, t)$ 在 $x = \frac{1}{2}$ 处是不光滑的．

因此尽管初值 $\sin 2\pi x$ 是光滑函数，但当 t 增加时，u 就变成一个几乎不连续的函数，其值在 $x = \frac{1}{2}$ 两侧有相当大的正负值，即该处函数值间断，而在其它点则几乎到处是 $u = 0$．这个例题明显地指出了解非线性问题的困难性．

即使求解很简单的非线性问题，也会遇到很大困难，例如若 (8-1) 的初值变为

$$u(x, 0) = x \quad 0 \leqslant x \leqslant 1 \tag{8-5}$$

而边值为

$$u(0, t) = 0 \tag{8-6}$$

这是一个适定的问题，其微分方程的解为 $u(x, t) = \dfrac{x}{1 + t}$．如果用跳步法格式得到对应的差分方程，并进行 von Neumann 局部线性稳定分析，则得知这个差分方程对任意的 r 都是稳定的．为了满足 CFL 条件，我们可限定 $r = \dfrac{c\Delta t}{\Delta x} < 1$，$c$ 可用 u 的最大值．但当我们解下式

$$U_j^{n+1} - U_j^{n-1} + \frac{r}{2}\left[(U_{j-1}^n)^2 - (U_{j+1}^n)^2\right] = 0 \tag{8-7}$$

时，有时仍可能发散，这种情形可以用下面一个例子来分析，假设 (8-7) 式的一个解为

$$U_j^n = C^n \cos\frac{\pi j}{2} + S^n \sin\frac{\pi j}{2} + U^n \cos\pi j + V \tag{8-8}$$

式中系数 C^n，S^n，U^n 随时间 $t = n\Delta t$ 而变，V 为常数．设初值 $U^{(0)} = A$，$U^{(1)} = B$，A，B 为常数．将 (8-8) 式代入 (8-7) 式可得 (参见附录 (11))

$$C^{n+1} - C^{n-1} = 2rS^n(U^n - V) \tag{8-9}$$

$$S^{n+1} - S^{n-1} = 2rC^n(U^n + V) \qquad (8\text{-}10)$$

$$U^{n+1} - U^{n-1} = 0 \qquad (8\text{-}11)$$

从而得

$$U^{n+1} = U^{n-1} = U^{n-3} = \cdots = U^{(1)} \text{ 或 } U^{(0)} \qquad (8\text{-}12)$$

如果 $U^{(1)} \neq U^{(0)}$，那么出现分离现象.

由 (8-9) 式与 (8-10) 可以推出 (参见附录 (12))

$$C^{n+2} + 2C^n + C^{n-2} = 4V^2C^n(A + V)(B - V) \qquad (8\text{-}13)$$

如果命 $C^{n+1} = \lambda C^n$，则由 (8-13) 式可知，放大系数平方 λ^2 满足一个二次方程，其解为

$$\lambda^2 = (1 + R) \pm \sqrt{(1 + R)^2 - 1} \qquad (8\text{-}14)$$

其中

$$R = 2r^2(A + V)(B - V) \qquad (8\text{-}15)$$

如欲得稳定的计算解，则需 $\lambda^2 \leqslant 1$. 我们在 (8-14) 式中必需取负号，即

$$\lambda^2 = 1 + R - \sqrt{(1 + R)^2 - 1}$$

由 (8-15) 式可见 $R \geqslant 0$ 即 $(A + V)(B - V) > 0$ 时，λ 有两个根一个大于1，一个小于1. 还可见取很小的时间步长 Δt 并不能使 $\lambda < 1$ 而把 (8-7) 式的不稳定计算变成稳定. 局部线性化稳定条件 $r = \dfrac{\Delta t}{\Delta x} \max(u) \leqslant 1$ 在这种情形下是无意义的. 方程式 (8-7) 的计算解的稳定与否完全取决于初值 A，B 及 V 的大小，因此我们对计算非线性问题的稳定性，得到下列两点启示：

(1) 非线性问题的稳定性与初值大小有关，但与初值精确度无关. 避免初值的误差并不一定能促进稳定.

(2) 这类问题的稳定性不一定与 $r \sim \dfrac{\Delta t}{\Delta x}$ 有关，即，不一定能用小的 Δt 来获得计算的稳定.

§8-2 能量分析——一些实例

分析非线性方程初值边值问题稳定性的一个重要的方法就是

能量分析法，它也是证明非线性方程初值边值问题收敛性的唯一方法．这种分析方法的基本思想是直接根据稳定性的定义．

$$\|U\| \leqslant K\|U(0)\|$$

来研究的．

能量分析方法在现代偏微分方程理论中已经被广泛应用，这里我们列举几个简单的例子来说明这一概念，并介绍一些实用上比较有意义的结果．

首先我们应用能量分析法来研究微分方程问题．

例如对简单的扩散方程

$$\frac{\partial u}{\partial t} = \frac{\partial^2 u}{\partial x^2}$$

初始条件为

$$u(x, 0) = f(x)$$

若用 u 乘方程两边，则得

$$u \frac{\partial u}{\partial t} = \frac{\partial}{\partial t}\left(\frac{u}{2}\right)^2 = u \frac{\partial^2 u}{\partial x^2}$$

对 x 从 0 到 L 积分得

$$\frac{\partial}{\partial t} \int_0^l \frac{u^2}{2} dx = u \frac{\partial u}{\partial x}\bigg|_{x=L} - u \frac{\partial u}{\partial x}\bigg|_{x=0} - \int_0^l \left(\frac{\partial u}{\partial x}\right)^2 dx \quad (8\text{-}16)$$

我们把式中的非负量 $u^2/2$ 在某个区域上的积分称为"能量"．例如当 u 是温度，$x = 0$ 与 $x = l$ 为绝缘的两个边界，

$$\frac{\partial u}{\partial x}\bigg|_{x=l} = \frac{\partial u}{\partial x}\bigg|_{x=0} = 0,$$

则

$$\frac{\partial}{\partial t} E(l, t) = -\int_0^l \left(\frac{\partial u}{\partial x}\right)^2 dx$$

其中 $E(l, t) = \int_0^l \frac{u^2}{2} dx$．

因为 $\left(\frac{\partial u}{\partial x}\right)^2 \geqslant 0$，所以 $\frac{\partial}{\partial t} E(L, t) \leqslant 0$，因此 $E(L, t)$ 对 t 是非增的，这就保证了上述扩散方程问题解的有界性，而且当时

间 t 无限增长时其极限解应为 $u = $ 常数. 在这个问题中的初值 $f(x)$ 可以是一个不光滑的函数.

又如扩散方程

$$\frac{\partial u}{\partial t} = \frac{\partial}{\partial x}\left[\nu(x,t)\frac{\partial u}{\partial x}\right]$$

初始条件为

$$u(x,0) = f(x)$$

和边界条件为

$$\frac{\partial u}{\partial x}\bigg|_{x=L} = \frac{\partial u}{\partial x}\bigg|_{x=0} = 0$$

若用 u 乘方程两边,则得

$$\frac{\partial}{\partial t}\left(\frac{u^2}{2}\right) = \frac{\partial}{\partial x}\left(\nu u\frac{\partial u}{\partial x}\right) - \nu\left(\frac{\partial u}{\partial x}\right)^2$$

对 x 从 0 到 L 积分,并注意到边界条件,则得

$$\frac{\partial}{\partial t}\int_0^L \frac{u^2}{2}dx = -\int_0^L \nu\left(\frac{\partial u}{\partial x}\right)^2 dx \tag{8-17}$$

所以,如果在区域内 $\nu(x,t) \geq 0$,则由 (8-17) 式可见上述问题的解 u 是有限的,如果在区域内 $\nu(x,t) < 0$,则对任意的 $f(x)$ 上述问题的解将是无界的.

如果扩散系数 $\nu(x,t)$ 是很"不光滑"的,或 $\nu(x,t)$ 在整个区域上不全是非负的或非正的,则难以对解 u 是否有限下结论. 但是,上述例子已经说明这种能量分析方法在研究不规则初值及不规则变系数微分方程问题时的作用.

下面考察一阶的一维波动方程

$$Lu = \left[\frac{\partial}{\partial t} + c(x,t)\frac{\partial}{\partial x}\right]u(x,t) = f(x,t)$$

带有初值 $u(x,0) = g(x)$ 的问题,其中 $u(x,t)$ 与 x 都是标量,$c(x,t)$ 是一个变化的波速,而特征方向为

$$\frac{dx}{dt} = c(x,t)$$

沿着特征线 $x = x(t)$,存在下列等式

$$\frac{d}{dt} u(x, t) = f(x, t)$$

所以

$$u = \int_0^t f[x(t), t] dt + u(x, 0)$$

故

$$|u[x(t), t]| \leqslant \left| \int_0^t f[x(t), t] dt \right| + |u(x, 0)| \qquad (8\text{-}18)$$

采用极大值范数，则得

$$|u[x(t), t]| \leqslant \max(t, 1)[|f| + |g|] \qquad (8\text{-}19)$$

上式说明，微分问题的解 $u(x, t)$，在极大值范数意义下对初值是一致有界的。

如果采用 L_2 范数来进行事先估计(为讨论方便起见，令 $f(x, t) = 0$，因此 $u(x, t)$ 沿特征线 $x = x(t)$ 为常数)，则对 x 在 0 到 L 区间有

$$\frac{\partial}{\partial t} E(t) = \frac{\partial}{\partial t} \int_0^L \frac{u^2}{2} dx = -\int_0^L c(x, t) \frac{\partial}{\partial x} \left(\frac{u^2}{2} \right) dx$$

$$= \int_0^L \frac{u^2}{2} \frac{\partial c}{\partial x} dx - \left[c(x, t) \frac{u^2}{2} \right]_{x=0}^{x=L}$$

如果 $\left| \dfrac{\partial c}{\partial x} \right|$ 有一最大值 M，则 $\left| \dfrac{\partial c}{\partial x} \right| \leqslant M$，(当 $c(x, t)$ 不连续时，可在各分片连续区间内积分而得到类似的结果)，令边界值的最大值为 K_1，则有

$$E_t \leqslant M E(t) + K_1$$

所以

$$E(t) \leqslant E(0) e^{Mt} + \frac{K_1}{M} (e^{Mt} - 1)$$

$$E(t) \leqslant \max \left[E(0), \frac{K_1}{M} \right] e^{Mt} \qquad (8\text{-}20)$$

证明见附录 (13)。因此如果 $\dfrac{\partial c}{\partial x}$ 具有上确界 M，而边界值是有限的，则此具有可变波速 $c(x, t)$ 的简单一阶波动方程问题是适定

的. 若 $\max[E(0), K_1/M] = E(0)$, 而 $E(0)$ 比较小, 且已给定, 同时 M 也已经给定, 则 $E(t) \sim e^{Mt}$, 所以, 如果这时 M 很大, 则可以用来计算的时间 T 就很小. 如果 $T > \dfrac{1}{M}$, 即使 $E(0)$ 很小, $E(t)$ 的上限可能非常大, 因而微分方程问题的解的误差可能相当大.

若 M 很小(即 c 是变化很慢的光滑函数时), 则

$$\max[E(0), K_1/M] \sim K_1/M,$$

如果 $Mt \sim O(1)$, 且 $K_1 = O(1)$, 则

$$E(t) \leqslant e^{Mt} K_1/M \sim O\left(\frac{1}{M}\right) \gg 1.$$

可见由于 M 小而 $Mt \sim O(1)$, 所以计算的时间 T 可能较大, 但这时误差 $E(t) \sim O\left(\dfrac{1}{M}\right)$ 仍是很大的. 由此可见, 无论 M 是大是小, 只有在 MT 足够小于 $O(1)$ 时, 上述上限才有实际应用上的意义, 这时

$$E(t) \leqslant A[E(0) + K_1 t]$$

式中 A 为一常数. 这就说明, 对光滑的一阶波动方程的非周期性的初边值问题, 不论波速 $c(x, t)$ 的变化如何, 其解与 c 为常数的周期性初边值问题的解没有重要的不同.

下面我们考虑差分问题.

例如, 对简单一阶波动方程

$$\frac{\partial u}{\partial t} + c\,\frac{\partial u}{\partial x} = 0$$

采用 Friedrichs 格式

$$U_j^{n+1} = \frac{1-r}{2}\,U_{j+1}^n + \frac{1+r}{2}\,U_{j-1}^n$$

其中 $r = c\Delta t/\Delta x$, 在采用极大值范数的情况下, 两边取绝对值, 并注意 $0 \leqslant r \leqslant 1$, 则得在 $0 \leqslant j \leqslant J$ 中的最大绝对值.

$$\max_j |U_j^{n+1}| \leqslant \left(\frac{1-r}{2}\right)\max_j |U_{j+1}^n| + \left(\frac{1+r}{2}\right)\max_j |U_{j-1}^n|$$

$$= \left(\frac{1-r}{2} + \frac{1+r}{2} \right) \max_j |U_j^n|$$

$$= \max_j |U_j^n| \tag{8-21}$$

依此类推，容易证明

$$\max_j |U_j^n| \leqslant \max_j |U_j^0| \tag{8-22}$$

所以，对于所有的 r 或 $c(x, t)$，在极大值范数的意义下，差分问题的解是稳定的.

但是上述证明方法，在极大值范数的意义下，很难推广到波动方程组的问题上去.

若用 L_2 范数，在差分方程两边乘以 U_j^{n+1}，则得

$$(U_j^{n+1})^2 = \frac{1+r}{2} (U_{j-1}^n \cdot U_j^{n+1}) + \frac{1-r}{2} (U_{j+1}^n \cdot U_j^{n+1})$$

因为

$$(U_{j-1}^n - U_j^{n+1})^2 \geqslant 0, \quad (U_{j+1}^n - U_j^{n+1})^2 \geqslant 0$$

所以

$$U_{j-1}^n U_j^{n+1} \leqslant \frac{1}{2} [(U_{j-1}^n)^2 + (U_j^{n+1})^2]$$

$$U_{j+1}^n U_j^{n+1} \leqslant \frac{1}{2} [(U_{j+1}^n)^2 + (U_j^{n+1})^2]$$

$$(U_j^{n+1})^2 \leqslant \frac{1+r}{4} [(U_{j-1}^n)^2 + (U_j^{n+1})^2]$$

$$+ \frac{1-r}{4} [(U_{j+1}^n)^2 + (U_j^{n+1})^2]$$

$$= \frac{1+r}{4} (U_{j-1}^n)^2 + \frac{1-r}{4} (U_{j+1}^n)^2$$

$$+ \frac{1}{2} (U_j^{n+1})^2$$

整理后得

$$(U_j^{n+1})^2 \leqslant \frac{1+r}{2} (U_{j-1}^n)^2 + \frac{1-r}{2} (U_{j+1}^n)^2$$

$$= \frac{1}{2} [(U_{j-1}^n)^2 + (U_{j+1}^n)^2]$$

$$+ \frac{r}{2} \left[(U_{j-1}^n)^2 - (U_{j+1}^n)^2 \right] \tag{8-23}$$

这里 $r = \frac{c \cdot \Delta t}{\Delta x}$，若波速 c 是变的，则 r 也随 x（或 $j\Delta x$）而变，需将 r 改写为 r_j，于是上式变为

$$(U_j^{n+1})^2 \leqslant \frac{1}{2} \left[(U_{j-1}^n)^2 + (U_{j+1}^n)^2 \right] + \frac{r_j}{2} \left[(U_{j-1}^n)^2 - (U_{j+1}^n)^2 \right] \tag{8-23'}$$

将上式两边对 j 求和，得到

$$\sum_j (U_j^{n+1})^2 \leqslant \sum_j \frac{(U_{j-1}^n)^2 + (U_{j+1}^n)^2}{2}$$
$$+ \sum_j \frac{r_j}{2} \left[(U_{j-1}^n)^2 - (U_{j+1}^n)^2 \right]$$

如果边界值 U_0 及 U_J 可以省去，则得

$$\|U^{n+1}\|_2^2 = \sum_j (U_j^{n+1})^2 \leqslant \sum_j (U_j^n)^2$$
$$+ \sum_j (r_{j+1} - r_{j-1})(U_j^n)^2/2 \tag{8-24}$$

因为 $r_j = \frac{c_j \Delta t}{\Delta x}$，所以

$$r_{j+1} - r_{j-1} = r_{j+1} - r_j + r_j - r_{j-1} \doteq 2\Delta C_j \frac{\Delta t}{\Delta x}$$

如果 $\max \left| \frac{\partial c}{\partial x} \right| \leqslant M$，则有

$$|r_{j+1} - r_{j-1}| \leqslant 2M\Delta t$$

代入 (8-24) 式中，整理得

$$\|U^{n+1}\|_2^2 \leqslant \|U^n\|_2^2 (1 + M\Delta t) \tag{8-25}$$

所以

$$\|U^{n+1}\|_2^2 \leqslant \|U^0\|_2^2 (1 + M\Delta t)^n$$

因为当 $\Delta t \to 0$ 时

$$(1 + M\Delta t)^n = (1 + M\Delta t)^{\frac{Mt}{M \cdot \Delta t}} \to e^{Mt}$$

所以

$$\|U^{n+1}\|_2^2 \leqslant \|U^0\|_2^2 e^{Mt} \tag{8-26}$$

这种使用 L_2 范数对差分方程的能量分析几乎与对微分方程的能量分析步步相似,而且结果也几乎相同.

如果 $c(x, t)$ 在某点连续但为 Lipschitz 有界,即 $|\Delta c| \leqslant K\Delta x$,在 L_2 范数的情形下,只要把上述的 M 换成 K,可得到同样的结果. 但 $c(x, t)$ 不连续时,在极大值范数的情形下,证明就很困难,因为当 $c(x, t)$ 间断的时候,$\left(\dfrac{1+r}{2} + \dfrac{1-r}{2}\right)$ 是否能消去就有些问题了.

用 L_2 范数所作的分析表面上看来比用极大值范数的情形要复杂,但在 $c(x, t)$ 是变量的时候,只有用 L_2 范数才能顺利地证明一致有界,进而证明稳定性,而且这种证明方法可以很直接地推广到方程组的情况.

这时:

$$U_j^{n+1} = \sum_{jK} c_{jK} U_K^n$$

其中 c_{jK} 是 $N \times N$ 矩阵,只要所有的 c_{jK} 是正定的,而且方程组确实是双曲型的,上述方法就可以应用.

如用 Lax-Wendroff 格式来离散简单的一阶波动方程则

$$U_j^{n+1} = U_j^n - \frac{r}{2}(U_{j+1}^n - U_{j-1}^n)$$
$$+ \frac{r^2}{2}(U_{j+1}^n + U_{j-1}^n - 2U_j^n) \tag{8-27}$$

亦即

$$U_j^{n+1} = \frac{r^2 + r}{2} U_{j-1}^n + (1 - r^2)U_j^n + \frac{r^2 - r}{2} U_{j+1}^n$$

两边平方,然后在等式右边加上一个非负的量(当 $r < 1$ 时)

$$\frac{r^2(1 - r^2)}{4}(U_{j-1}^n - 2U_j^n + U_{j+1}^n)^2$$

这样有(参看附录(14))

$$(U_j^{n+1})^2 \leqslant \frac{r^3 + r^2}{2}(U_{j-1}^n)^2 + (1 - r^2)(U_j^n)^2 + \frac{r^2 - r^3}{2}(U_{j+1}^n)^2$$

$$+ (r^3 - r)(U_{j+1}^n U_j^n - U_j^n U_{j-1}^n) \tag{8-28}$$

右侧为二次型 $X^T A X$，其中

$$X^T = (U_{j-1}^n, U_j^n, U_{j+1}^n)$$

而

$$A = \begin{bmatrix} \dfrac{r^3 + r^2}{2} & \dfrac{r - r^3}{2} & 0 \\[2mm] \dfrac{r - r^3}{2} & 1 - r^2 & \dfrac{r^3 - r}{2} \\[2mm] 0 & \dfrac{r^3 - r}{2} & \dfrac{r^2 - r^3}{2} \end{bmatrix}$$

矩阵 A 有下列特点：

(1) 主对角线上各项之和为 1 (协调的条件).

(2) 副对角线上各项之和为 0.

所以

$$\sum_j (U_j^{n+1})^2 \leqslant \sum_k \frac{1}{2} \left[(r_{k+1}^3 + r_{k+1}^2) + 2(1 - r_k^2) \right.$$
$$\left. + (r_{k-1}^2 - r_{k-1}^3) \right](U_k^n)^2 + \sum_k [r_k^3 - r_k$$
$$- r_{k+1}^3 + r_{k+1}] U_{k+1}^n U_k^n \tag{8-29}$$

若 r 为常数，则立即得

$$\sum_j (U_j^{n+1})^2 \leqslant (U_k^n)^2$$

若 $c(x, t)$ 是变量，则 $r = \dfrac{c \cdot \Delta t}{\Delta x}$ 也是变的，如果 $\max \left| \dfrac{\partial c}{\partial x} \right| \leqslant M$；利用 Schwartz 不等式，则有

$$\sum (U_j^{n+1})^2 \leqslant (1 + \text{const}, M\Delta t) \sum_j (U_j^n)^2$$

亦即

$$\| U^{n+1} \|_2^2 \leqslant (1 + \text{const}, M\Delta t) \| U^n \|_2^2 \tag{8-30}$$

与由 (8-25) 推导 (8-26) 式相类似，可得

$$\| U^{n+1} \|_2^2 \leqslant \| U^0 \|_2^2 e^{Mt} \tag{8-31}$$

如果 $c(x, t)$ 在某点不连续，则要求

$$|c(x + \Delta x) - c(x)| \leqslant K\Delta x$$

此时 Lipschitz 常数 K 就相当于上述的 $M = \max\left|\dfrac{\partial c}{\partial x}\right|$, 其他结果相同.

下面来研究扩散方程

$$\frac{\partial u}{\partial t} = \gamma \frac{\partial^2 u}{\partial x^2}, \ 0 \leqslant x \leqslant \pi$$

具有周期性边界条件的问题或初值问题.

相应的差分方程为

$$U_j^{n+1} - U_j^n = \frac{\gamma \Delta t}{\Delta x^2}(U_{j+1}^n - 2U_j^n + U_{j-1}^n) \qquad (8\text{-}32)$$

用 $U_j^{n+1} + U_j^n$ 乘 (8-32) 式的两边, 并按下标 j 求和 (假设端点 $j = 0, J$ 的边界条件为 $U_0^n = U_J^n = 0$), 则得

$$\sum_j (U_j^{n+1})^2 - \sum_j (U_j^n)^2 = \mathfrak{S} \sum_j [U_j^{n+1} + U_j^n]$$
$$\cdot [U_{j+1}^n - 2U_j^n + U_{j-1}^n]$$

即

$$\|U^{n+1}\|_2^2 - \|U^n\|_2^2 = \mathfrak{S} \sum_j (U_j^{n+1} + U_j^n)(U_{j+1}^n - 2U_j^n + U_{j-1}^n)$$

$$(8\text{-}33)$$

其中 $\mathfrak{S} = \dfrac{\gamma \Delta t}{\Delta x^2}$. 令 $\Delta_+ U_j^n = U_{j+1}^n - U_j^n$, 将 (8-33) 式右边加以整理, 即可得到 (参看附录 (15))

$$\|U^{n+1}\|_2^2 - \|U^n\|_2^2 = -\mathfrak{S}[(U_1^n + U_1^{n+1})U_1^n + \|\Delta_+ U^n\|_2^2$$
$$+ \sum_{j=1}^{J-1} \Delta_+ U_j^n \cdot \Delta_+ U_j^{n+1}] \qquad (8\text{-}34)$$

令

$$S_n = \|U^n\|_2^2 - \frac{\mathfrak{S}}{2}[(U_1^n)^2 + \|\Delta_+ + U^n\|_2^2]$$

则

$$S_{n+1} - S_n = \|U^{n+1}\|_2^2 - \|U^n\|_2^2$$

$$- \frac{\mathfrak{S}}{2} \left[(U_1^{n+1})^2 - (U_1^n)^2 \right.$$

$$\left. + \|\Delta_+ U^{n+1}\|_2^2 - \|\Delta_+ U^n\|_2^2 \right]$$

将 (8-34) 式代入上式，并加以整理，即得

$$S_{n+1} - S_n = - \frac{\mathfrak{S}}{2} \left[(U_1^n + U_1^{n+1})^2 + \|\Delta_+ U^n\|_2^2 \right.$$

$$\left. + \|\Delta_+ U^{n+1}\|_2^2 + 2 \sum_{j=1}^{J-1} \Delta_+ U_j^n \Delta_+ U_j^{n+1} \right] \quad (8\text{-}35)$$

上式右边括号中只有最后一项可能不是正数，但是，由 Schwartz 不等式知

$$\left| \sum_{j=1}^{J-1} \Delta_+ U_j^n \Delta_+ U_j^{n+1} \right| \leqslant \left[\sum_{j=1}^{J-1} (\Delta_+ U_j^n)^2 \right]^{\frac{1}{2}} \left[\sum_{j=1}^{J-1} (\Delta_+ U_j^{n+1})^2 \right]^{\frac{1}{2}}$$

$$= \|\Delta_+ U^n\|_2 \cdot \|\Delta_+ U^{n+1}\|_2$$

$$\leqslant \frac{1}{2} \left[\|\Delta_+ U^n\|_2^2 + \|\Delta_+ U^{n+1}\|_2^2 \right]$$

所以

$$S_{n+1} - S_n \leqslant - \frac{1}{2} \mathfrak{S} (U_1^n + U_1^{n+1})^2 \leqslant 0$$

即 S_n 是一个不增的序列，

因为 $S_0 \leqslant \|U^0\|_2^2$

所以 $S_n \leqslant \|U^0\|_2^2$ \quad (8-36)

即 S_n 是有界的.

下面证明当 $S < \frac{1}{2}$，能量 $\|U^n\|_2^2$ 有限.

由 S_n 的定义知

$$S_n \geqslant \|U^n\|_2^2 - \frac{\mathfrak{S}}{2} \cdot 4 \|U^n\|_2^2 = (1 - 2\mathfrak{S}) \|U^n\|_2^2$$

所以，若 $\mathfrak{S} \leqslant \frac{1}{2} - \varepsilon$，其中 $\varepsilon > 0$，则有

$$\|U^n\|_2^2 \leqslant \mathfrak{S}_n / \varepsilon \leqslant \|U^0\|_2^2 / \varepsilon$$

成立.

从上述分析可以看出：即使对一个很简单的差分方程，其能量分析也是相当复杂的．况且这还是周期性边界条件下的问题．如果边界条件是非周期性的，则在上述各例右侧，边界值将不能完全消去．在某些特殊情况下(如用上章 (7-56) 式的边界条件来解 (7-53) 式的差分波动方程) 可以得到具体的结论，证明 $\|U_j^n\|$ 一致有界而保证计算的稳定．但在一般情形下很难得到具体的结论．方程式很复杂时，不论边界条件是周期性的或非周期性的，既不能确知处理能量的方法是否适当，也不知道以所用的边界条件来处理选定的差分方程能否导致稳定的计算．能量分析在实际应用上的困难就在于此．但能量分析法在数值计算上有一定的功效．对实际工作也可能给出很有意义的提示．下节将较具体的讨论一些有关的问题．

§8-3　对能量法运用的讨论

简单扩散方程纯初值问题的能量分析显然已很复杂，尤其应当注意的是在上面三个例子中，原方程式有时乘以 U_j^{n+1} (Friedrich 格式的单波方程) 或两侧平方 (Lax-Wendroff 格式的单波方程)，有时候乘以 $(U_j^{n+1} + U_j^n)$ (前时差的扩散方程)，在后两者的证明中还需运用另一个正定函数，运用的方法不一致，每个差分问题都有各自的特色．在处理一个新的问题或格式时，能量分析往往是困难的．

能量分析的主要作用是给我们指出变系数对差分解稳定性的影响．

综合以上论述可知：

(1) 从弱式的 von Neumann 稳定性条件看来，一个足够光滑的变系数，并不能改变此条件的必要性与充分性．

(2) 在方程组中，变系数(即便是光滑的)的影响较大．

(3) 变系数不光滑性(例如突变与不连续性)影响更大，往往造成不稳定．

(4) 变系数的影响因不同的差分格式，差分方程的性质及变系数的所在而异.

一般说来,波动方程不如扩散方程那样敏感,即波动方程较易处理而扩散方程较难

能量分析的另一个优点是能把边界条件的影响考虑在内（当然实际上的分析工作要艰巨得多，而且不一定能有具体的结果）.但通过对某些模式的分析,也可给出一些提示有助于解决问题.例如在波动方程中,下游的外插边界条件往往造成不稳定,用能量分析表明外插的方向应沿局部特征方向而不能任意选.

初值问题也可用能量分析法来处理.但在绝大多数情况下是困难的,一般能量分析工作只限于对模式的研究,借以提出一些指示来帮助解决一些实际问题.

能量分析也适用于非线性方程,当然比变系数的分析更困难些.若从能量分析中得到了解的上限,从而证明了稳定性,对符合协调性要求,即使不能很简单地证明解的收敛,最少保证了计算方法可以获得一定的结果,这结果是否准确是另一个问题.但一般讲要做到这一点也是相当困难的.

能量分析也可能被误用,甚至有时因只求计算的稳定而忘却了物理及微分问题的实质.下面是一个非线性对流方程的实例,通过此例可看到问题.

考虑最简单的对流方程

$$\frac{\partial u}{\partial t} + u\,\frac{\partial u}{\partial x} = 0 \tag{8-37}$$

或

$$\frac{\partial u}{\partial t} + \frac{\partial}{\partial x}\left(\frac{u^2}{2}\right) = 0 \tag{8-38}$$

对流方程中非线性项 $u\,\dfrac{\partial u}{\partial x}$ 的 u 为对流速度,相当于单波方程中的 $c(x,t)$,在散度形式中 $\dfrac{u^2}{2}$ 则为能量.这两种观点在流体力学中都普遍应用.改写成差分方程时两者都可写成高阶的差分格式,但在用来计算时通常不稳定,或计算虽稳定但结果不甚理

想,目前采用能量分析,用 Crank-Nicolson 隐式处理来示范. 在这种简单情形下系数矩阵是三对角阵. 根据隐式法这种差分格式可写成

$$U_j^{n+1} + \frac{1}{2} Q(U_j^{n+1}) = U_j^n - \frac{1}{2} Q(U_j^n) \qquad (8\text{-}39)$$

式中 $Q(\ )$ 为一待定的适当的二项式代表对流项,平方两侧并对 j 求和则得

$$\left\{ \|U^{n+1}\|^2 + \frac{1}{4} \|Q(U^{n+1})\|^2 \right\} - \left\{ \|U^n\|^2 + \frac{1}{4} \|Q(U^n)\|^2 \right\}$$

$$= -(U^{n+1}, Q(U^{n+1})) - (U^n, Q(U^n)) \qquad (8\text{-}40)$$

式中 $(\cdot, \cdot)$ 表示两个矢量的内积.

若 $Q(U)$ 是 $\frac{1}{2} \Delta_0 U^2 = \frac{1}{2} [(U_{j+1}^n)^2 - (U_{j-1}^n)^2]$(其中边界条件是零或忽略其影响),则

$$(U, \Delta_0 U^2) = -(U^2, \Delta_0 U) \qquad (8\text{-}41)$$

若 $Q(U)$ 是 $U\Delta_0 U$,则

$$(U, U\Delta_0 U) = (U^2, \Delta_0 U) \qquad (8\text{-}42)$$

因此若将 $Q(U)$ 取成

$$Q(U) = \frac{1}{3} \left(2\Delta_0 \frac{U^2}{2} + U\Delta_0 U \right) = \frac{1}{3} (U_{j+1} + U_j + U_{j-1})\Delta_0 U$$

$$(8\text{-}43)$$

则

$$(U, Q(U)) = \left[\frac{2}{3} \left(-\frac{1}{2} \right) + \frac{1}{3} \right](U^2, \Delta_0 U) = 0 \quad (8\text{-}44)$$

从而 $\|U^n\|^2 + \frac{1}{4} \|Q(U^n)\|^2$ 是不因时间而改变的常量,也就是

$$\|U^n\|^2 + \frac{1}{4} \|Q(U^n)\|^2 = \|U^{(0)}\|^2 + \frac{1}{4} \|Q(U^{(0)})\|^2 \quad (8\text{-}45)$$

对任一初值 $U^{(0)}$ 用上述方法,即将 U 换成 U_{j-1},U_j 与 U_{j+1} 的平均值,除非边界差分不稳定,否则无论用任何的 Δt,Δx,即使违反了 CFL 条件也是稳定的(对单波方程应满足 CFL 条件才能适定,不

适定的问题是不稳定的，而这里却可以不满足 CFL 条件而得到稳定），但这种稳定计算的结果是错的．

(8-39) 与 (8-43) 的差分式与对流方程 (8-37) 式是协调的，其截断误差为 $e_T = O(\Delta t, \Delta x)$，这个差分格式的计算解是稳定的，其解为 (8-45) 式，但 (8-45) 式肯定了 $\|U\|^2 + \frac{1}{4}\|Q(U)\|^2$ 为一常量．此常量的守恒性却是没有物理根据的，例如本章 (8-1)，(8-5)，(8-6) 式所定的初边值问题的解是 $u(x, t) = x/(1+t)$．容易验证在任何有限的固定 x 值，当 $t \to \infty$ 时，$u(x, t)$ 及其导数都趋于零．显然这个解不满足 $\|U\|^2 + \frac{1}{4}\|Q(U)\|^2$ 为常数的关系．所以差分方程 (8-39) 与 (8-43) 的计算解不可能收敛于这个方程的解．因此对非线性方程，从协调性与稳定性不能保证收敛性，也就说明 Lax 等价性原则不成立．从另一观点来讨论这一问题，将 (8-37) 式两端乘以 u 得到

$$\frac{\partial}{\partial t}\frac{u^2}{2} + u\frac{\partial}{\partial x}\frac{u^2}{2} = 0 \qquad (8\text{-}46)$$

令 $\dfrac{d}{ds} = \left(\dfrac{\partial}{\partial t} + u\dfrac{\partial}{\partial x}\right)$，则上式可写成

$$\frac{d}{ds}\left(\frac{u^2}{2}\right) = 0 \qquad (8\text{-}47)$$

即在曲线 S 上 $\dfrac{u^2}{2}$ 为常数，即任一质点的能量 $\dfrac{u^2}{2}$ 不因其位置而异．从 (8-47) 式来看，所有具有较高能量 u^2 的质点，在某固定的，足够大的时间 t 都已从右侧边界超出 $0 \leqslant x \leqslant 1$ 的范围．当 t 逐渐增大时在 $0 \leqslant x \leqslant 1$ 的各点，u 渐渐变小并趋于零．这就是微分解 $u = \dfrac{x}{1+t}$ 所描绘的现象．由于 t 充分大时，高能量的质点均逸出区间 $[0, 1]$ 之外，所以这种问题用任何一个保证等于某定值的正定能量的差分方法是不可能得到适当的近似解的．

§8-1 节中的两个例子给了我们另一个重要启示，这就是对非

线性方程初值与边值的设置是很严格的，其解答对这些初边值是敏感的。在第一个例子中除了给定初值 $\sin 2\pi x$ 之外，还给了 $x = 0$ 与 $x = 1$ 两处的边值 $u = 0$，在第二个例子中只给出 $x = 0$ 一处的边界值，没有给出 $x = 1$ 处的边界值，究竟在一般情况下对方程(8-1)应该如何给定边界条件呢？应该指出，在第一个例子中 $u(0, t) = u(1, t) = 0$ 是多余的，即使不给定这两个边界条件，方程 (8-1)(8-2) 的解也必然满足这些条件。由 (8-47) 式可知 $u = 0$ 的点不能移动，函数也不能改动。如果我们强加了一个边界条件，如 $u(1, t) = t$（或任何正的参数）同时保持初始条件 (8-2) $u(x, 0) = \sin 2\pi x$，就不可能有解。在第二个例子中 $u(1, t) = \dfrac{1}{1 + t}$，如果强加了与它不相同的 $u(1, t)$ 则可能有不同的解，也可能无解。这完全要看附加的边界条件了。

一个非线性偏微分方程的有解，无解或多解，不但与边界条件的种类及范围（给定在开区间上还是闭区间上）以及边界条件的类型有关，还和边界条件中数值的大小有关。即便边界条件是对的，而数值大小不同，差分问题的适定性与稳定性都可能不同，例如可能在数值大的时候稳定，小的时候不稳定，也可能刚好相反。用能量分析可以得出某个差分格式对某个方程是很好的，但加上边界条件后就可能不稳定了，也可能解是错的。所以很难回答对那类问题用那种格式最好。在非线性问题中边界条件的影响可能更严重，所以在作能量分析时不能丢掉或任意改动边界条件。

对能量分析法可以归结为几点看法：

(1) 能量分析对研究差分问题的稳定性以及收敛性有一定的效用，对纯初值问题与周期性问题的分析比较容易，但其结果在非线性初值问题上的用途是有限的，不能引伸到初边值问题。

(2) 能量分析可以包括初边值问题在内，但其分析则困难得多，稳定性对边界处理非常敏感。所以即使是在与实际物理条件相近似的情况下，如边界条件或能量界限与物理实质相违背，也不应因其使差分计算稳定而采用，其计算结果往往误差甚大。在边界条件与物理条件符合的前提下，可以用种种不同的处理边界的方法，其中有的是稳定的，这样的方法可以采用，也可能虽然符合物理边界条件，但计算仍不稳定，对这种方法只好放弃.

(3) 对非线性差分问题计算稳定性的估计还是以 von Neumann 的局部线性化分析为好. 这种线性分析在实际应用时有时因为过分复杂而不能找到明确的 Δt 限度，实际上这种明确限度也不甚需要，因为边界条件的影响很大，又没有大致有效的处理方法. 一般是根据模式研究的结果及经验来选择差分格式，边界条件的处理应以不违反物理条件为原则，所得到的差分格式稳定与否，可用实际计算来检验. 也就是说由于不能用分析方法来研究它是否稳定，就直接用计算结果来检验是否满足 $\|U\| \leqslant K\|U_0\|$. 前面所论述的分析方法这时可以帮助我们选择差分格式，然后加上边界条件在计算机上试验，计算结果稳定与否由计算机回答，我们是用一般原理和在计算机上作实验相配合的方法来解决这个问题的.

(4) 用来计算非线性问题的差分格式一般是比较复杂的混合型，并且属于高阶精度的，因此常常需要用没有相当的物理条件的外加的定解条件，处理方法很多不胜枚举，它所造成的误差可能十分严重，甚至比截断误差还大，这时应注意的是计算结果的误差，而不是单纯的稳定性. 从数学上讲只要 $\|U\| \leqslant K\|U_0\|$ 成立，K 是有界的，就能在 Δt, $\Delta x \to 0$ 时解收敛. 但如果 K 很大，我们用的 Δt, Δx 又不能足够小，那么这样的解对我们没有多少实用价值. 另外，还要注意求出的近似解是不是我们要找的那个解的近似解，因为有可能收敛到别的解上去，因此不能只从稳定和有界的角度来看，还要看计算所得的解是不是我们所要解的近似解，也就是说我们应大概知道计算所得的解的误差.

第九章　隐式与其它差分格式

差分格式计算的稳定性既然如此难于分析，而实际上它又是一个在数值计算中的重要问题．那么为何不广泛地采用隐式差分格式呢？至少在所有的模式研究中，许多数学物理的简单方程的差分处理都可用很多隐式差分格式得到稳定的计算．这样在偏微分方程形式不确定或是混合型方程的情况下，隐式差分格式应该是很有利的．这里我们把有限元法（FEM）看做是一种高阶精度的隐式法，一方面因为有限元法形式是要解一个方阵问题，各种不同的样条函数可看成是对应变量的不同选择，有时候某一种差分格式所得的方程可与某种样条的有限元式相符合．另一方面在有限元法处理中处理边界条件上的许多问题与有些隐式法所遇到的外加条件甚为相似，所以这里不把有限元法另行讨论．

我们比较隐式与显式两种不同的方法时采取以下准则：即在解某一个实际问题时，要求得到同一精度的近似解（或一固定的误差范围），在此前提下，对两种方法所需的计算机运算次数，以及对计算机存储量的要求等进行综合鉴别和比较．近似解的误差是以实际问题的微分方程的准确解答来决定的．它将包括一切误差如截断误差、边界误差及初值误差等在内，而不是以单独的截断误差作为估计的标准．为简单起见，下面的比较是假想计算解的误差是以截断误差为主．

§ 9-1　与时间有关的问题

隐式差分算式应用于简单的波动和热传导方程时一般总是稳定的，这是其优点，但隐式也有其不利的一面，这就是要同时解算整个域内点的未知数值．因而要对一个维数很大的矩阵求逆阵，而且隐式精度与 Δt 的量级成比例，所以尽管从稳定性角度来讲，

Δt 可以取得大些,但从精度的角度来看 Δt 不宜太大,即使在定常情况下, 为了使 $\|U^{n+1} - U^n\| \to 0$, (U^{n+1}, U^n 各为 $n+1$ 及 n 次迭代近似解) 迭代 次数并不见得少,因为收敛速度并不因 Δt 增大而加快. 这些还只是数学上的困难. 从物理现象方面来研究,隐式也存在一些不利的方面,这一点以后再讨论.

一个与时间有关的多维空间的热传导方程

$$\frac{\partial u}{\partial t} = \nu \nabla^2 u \qquad (9\text{-}1)$$

或定常问题的 Laplace 方程

$$\nabla^2 u = 0 \qquad (9\text{-}2a)$$

写成隐式差分方程组时为

$$AU = f \qquad (9\text{-}2b)$$

式中 U 是未知向量, A 是 $\bar{n} \times \bar{n}$ 阶方阵 ($\bar{n}$ 为内点数), f 是已知向量.

上述方阵若为三对角阵,用高效率解法约需 $5\bar{n}$ 次运算,若用显式算法只要 $\bar{n}$ 次运算(只计乘除,加减及其他数据处理不计在运算次数中). 这样,每算一时间步长,隐式计算量约为显式的 5 倍. 但显式由于稳定性的要求,时间步长 Δt,不能取得太大,以上述扩散方程为例,要求 $\Subset = \dfrac{\nu \Delta t}{\Delta x^2} < \left(\dfrac{1}{2}, \dfrac{1}{4}\right)$, 这里 $\dfrac{1}{4}$ 是对二维问题的,所以在满足同一个精度情况下,从计算量的角度来看,隐式和显式孰优就不一定有明确的解答,对这一点下面我将举例说明.

仍以二维空间的热传导方程为例,若我们要求的精度量级为 $O(10^{-2})$,且只考虑截断误差,差分格式用的是时间前差,空间中差,则精度级与 Δt, Δx^2 同阶的量级,即 $e_t = O(\Delta t, \Delta x^2)$. 若所有的量均以无量纲量表示(这时 x, y 均自 $0 \longrightarrow 1$),为了满足精度要求,空间步长 Δx, Δy 可取 $1/10$,加上一定安全因素时可取得再小一些,例如 Δx, Δy 取 $\dfrac{1}{20}$.

对于显式算法,为了满足稳定性要求,根据

$$\mathfrak{S} = \frac{\Delta t}{\Delta x^2} \leqslant \left(\frac{1}{2}, \ \frac{1}{4} \right)$$

的界限

$$\Delta t \cong \frac{1}{4} \Delta x^2 \cong \frac{1}{1600} \quad \left(若 \ \Delta x = \frac{1}{20}, \ \mathfrak{S} \leqslant 1/4 \right)$$

$$\Delta t \cong \frac{1}{4} \Delta x^2 \cong \frac{1}{400} \quad \left(若 \ \Delta x = \frac{1}{10}, \ \mathfrak{S} \leqslant 1/4 \right)$$

时间从 0 到 1 需要运算 1600 次或 400 次.

对于隐式算法,稳定性不成问题,为了满足精度要求

$$\Delta t \cong 10^{-2}$$

计算时间同样从 0 到 1,需要运算 100 次,每次运算的计算量约为显式的五倍,所以若取 $\Delta x = 1/20$,显式和隐式运算之比为

$$1600/(5 \times 100) \cong 3$$

但这时显式计算结果的误差为 $e_t \sim 0.25 \times 10^{-2}$,比隐式计算结果的误差 $e_t \sim 1 \times 10^{-2}$ 为小. 如果使显式计算有同样的误差,则应取 Δx 为 1/10,这时显式的运算量为

$$400/(5 \times 100) = 4/5$$

反比隐式为小,所以我们说,在此情况下隐式与显式的运算工作量大致相当. 尤应注意的是在上述例子中,隐式所导致的方阵,是假想为一个非常便于求解的三对角阵. 在比较复杂的实际问题中(尤其是多维的),隐式差分格式所导致的 $\bar{n} \times \bar{n}$ 方阵,常不是三对角阵,而是甚难求解的稀疏方阵. 一般用迭代法来解这类方阵,其运算量常为 $\bar{n}^2$ 而非 $5\bar{n}$. 在这种情况下,隐式格式的运算量就大大增加了,远比用显式格式为大,所以求比较复杂的偏微分方程的近似解时常以用显式为宜. 有人可能认为隐式计算可避免显式计算中常遇到的稳定性困难,在下节中我们将指出,方阵的迭代解法的收敛性的困难与显式法的计算稳定性是很相似的.

§9-2 定常问题——渐近迭代法

上节的例子很明白地指出,隐式计算之所以不能用很大的 Δt

的原因在于截断误差与时间间距 Δt 有一定的关系，取用过大的 Δt 将使计算结果的误差太大，那末，当我们把定常问题当作不定常问题的 $t \to \infty$ 的极限来处理时，若我们并不计较过渡时期计算结果的精度，就可以用很大的 Δt 来计算，以达到定常的情况．这样我们就可以用足够大或更大的 Δt 来克服隐式计算中每步时距 Δt 的运算量较大的不利对比． 隐式计算真不就变成很有利于处理定常问题吗？事实并不尽然． 为达到某一定常情形，所需的大的 Δt 的计算次数并不一定比所需的小的 Δt 的计算次数少，这种情形在非线性问题中更加严重．

在流体力学中，我们对定常或拟定常问题特别有兴趣，但是除了不可压缩的无粘性势流运动外，大多数问题都是非线性的． 这时隐式差分所导致的矩阵 A 将是变量 U 的函数，虽是稀疏阵，但不是三对角阵． 对于一个非线性的微分方程，按一定算式写成差分方程组时必然也是非线性的． 所以首先要将非线性项线性化，即将 A 阵中的系数按某一种方式处理为已知量，例如在迭代运算 $n+1$ 次未知向量时，矩阵 A 中的元素均以 n 时刻的数值代替，于是方程式写作

$$A^n U^{n+1} = f^n \qquad (9\text{-}3)$$

这一拟线性化的非线性定常问题也可以看成是一个与时间有关的问题，因为上式可以写作

$$A^n(U^{n+1} - U^n) = f^n - A^n U^n \qquad (9\text{-}4)$$

而此式的左端项当 Δt 趋于零而取极限值时有

$$\lim_{\Delta t \to 0} \Delta t A^n \frac{U^{n+1} - U^n}{\Delta t} \cong \Delta t A(u) \frac{\partial u}{\partial t} \qquad (9\text{-}5)$$

即左端项相当于 $\dfrac{\partial u}{\partial t}$ 项，所以一个非线性定常问题的隐式迭代解法和解一个与时间有关的问题是没有本质上区别的． 这时表示迭代次序的 n 应看作为时间步 n．

对

$$A^n(U^{n+1} - U^n) = f^n - A^n U^n$$

这一方程组可用迭代法来求解，矩阵 A^n 中本含有未知量 U，现在用已知量 U^n 来代替，当然需要逐次迭代修正，每次迭代后又要解一新的线性方程组．后者可以用迭代法求解，当然也可以用 Gauss 消元法求解，但既然用 Gauss 消元法解，求出解后还要去修正 A^n 中的系数值，然后再求解新的方程组（实际上是个迭代过程），不如两个步骤并起来一起用迭代法求解，这样做显然是有利的．

在运用迭代法求解上式时，公式的左端项可以看作是在流场中的人为源与汇，在迭代后期 U^{n+1} 与 U^n 接近时，这些人为的源与汇也逐渐变小以致消失．

下面我们对迭代解法作进一步探讨，迭代的方法很多，我们可以将矩阵 A^n 分成两个部分，让矩阵 B^n 作用于 U^{n+1} 上，而 $(A^n - B^n)$ 作用于 U^n 上，于是得

$$B^n U^{n+1} + (A^n - B^n)U^n = f^n \qquad (9\text{-}6)$$

或

$$B^n(U^{n+1} - U^n) = f^n - A^n U^n$$

矩阵 B^n 可以自由选择，但它应当是一个容易求逆的矩阵，这样 U^{n+1} 才能很快找到．每次迭代求得的 U^{n+1} 将作为下一次迭代的 U^n，直到最后 $U^{n+1} \cong U^n$．

如果 B 选用矩阵 I（I 为么阵），就得到了显式算法；如果 B 选用对角元素阵，即 A 元素 a_{ii} 与 B 阵元素 b_{ii} 具有如下关系

$$b_{ii} = a_{ii}$$

及

$$b_{ik} = 0 \qquad (\text{当} j \neq k)$$

这一迭代过程就是 Jacobi 迭代式．如果 B 选作 A 的下三角阵，即令

$$b_{ik} = a_{ik} \qquad (\text{当} k \leqslant j)$$
$$b_{ik} = 0 \qquad (\text{当} k > j)$$

则得到 Gauss-Seidel 迭代过程或称连续松弛过程．这时 $(n + 1)$ 次迭代式为

$$U_j^{n+1} = \frac{1}{a_{jj}^n}\Big(f_j^n -- \sum_{k=1}^{j-1} a_{jk}^n U_k^{n+1} - \sum_{k=j+1}^{N} a_{jk}^n U_k^n\Big) \qquad (9\text{-}7)$$

诸如此类的迭代式还有许多.

现在我们来比较一下上述的显式（即 $B = I$）算式及其它隐式算式（$B \neq I$）的优缺点.

隐式可以选择矩阵 B 的形式来使得迭代的收敛速度加快，显式只能是选用么阵 I，收敛速度可能较慢. 但是用显式时计算很简单，而隐式则要解逆阵.

从物理角度来看，显式还有一个很大的优点，这就是显式模拟了自然界现象逐渐趋于定常状态的情况（而不管其初始状态如何）. 所以它有物理现象作基础，易于满足物理上的守恒性. 但隐式算法则不然，由于选取矩阵 B 的任意性，这就在流场中设置了许多任意的源和汇，这很可能导致违反物理上的许多守恒原则（如质量守恒、动量守恒……等）. 这样，很有可能最后使解并不收敛于真解，即人工的影响使得结果完全偏离了物理解.

甚至在守恒原则并未破坏的情况下，流场也可能改变而使解不是真解. 例如在平行来流场中加一个偶极子，我们就得到了一个圆柱绕流的流动状态，质量守恒原则并未破坏，但流动状态改变了.

另外，上述的隐式算法基本上是 Picard 迭代法，这就有迭代初值的选择问题，如初值离真解太远，有不收敛或收敛不到真解的危险.

正因为这些原因，用显或的不定常方程求解定常的问题在近年来广泛地被采用.

§9-3 分部时间法

分部时间法的主要思想是沿时间段 Δt 将微分算子分解成几个隐式差分算子之和，每一个算子应是一个容易求逆的三对角矩阵. 全周期内的连续分解算子可以当作原微分算子的"弱"近似表达.

首先考虑一维空间的微分方程式

$$\frac{\partial u}{\partial t} + Lu = 0 \tag{9-8}$$

式中 L 为线性空间微分算子与时间 t 无关. 若用 Crank-Nicolson 算式(在时间和空间上都具有二阶精度)离散后则有

$$\frac{U^{n+1} - U^n}{\Delta t} + L\left(\frac{U^{n+1} + U^n}{2}\right) = 0 \tag{9-9}$$

即

$$\left(I + \frac{\Delta t}{2}L\right)U^{n+1} = \left(I - \frac{\Delta t}{2}L\right)U^n$$

或

$$U^{n+1} = \left(I + \frac{\Delta t}{2}L\right)^{-1}\left(I - \frac{\Delta t}{2}L\right)U^n = CU^n$$

式中 I 为么算子. 设

$$L = L_x \cong -\sigma\frac{\partial^2}{\partial x^2}$$

则该式是热传导方程, 矩阵 $\left(I + \dfrac{\Delta t}{2}L_x\right)$ 是三对角线矩阵, 这一矩阵是容易求逆的, 所以对一维空间问题一般就直接写 Δt 前后差分方程式而不必将算子分解.

再研究三维空间热传导方程

$$\frac{\partial u}{\partial t} - \sigma\left(\frac{\partial^2}{\partial x^2} + \frac{\partial^2}{\partial y^2} + \frac{\partial^2}{\partial z^2}\right)u = 0 \tag{9-10}$$

并令 $L = L_x + L_y + L_z$ 或 $L_1 + L_2 + L_3$

组合矩阵 $\left[I + \dfrac{\Delta t}{2}(L_x + L_y + L_z)\right]$ 不再是三对角阵, 虽是高度稀疏的, 但不能简单地求逆. 如果在三维空间中每一维有 50 个网格点, 则矩阵维数是 50^3, 这是一个太大的难于处理的数字, 这时交替方向迭代法 (ADI 法) 就显示出很大的好处.

这个方法将时间步长 Δt 分成三段(二维问题分成二段), 即将 $t_n \leqslant t \leqslant t_{n+1}$ 分成 $t_n \sim t_{n+\frac{1}{3}}$、$t_{n+\frac{1}{3}} \sim t_{n+\frac{2}{3}}$ 及 $t_{n+\frac{2}{3}} \sim t_{n+1}$ 三个时

间分段,对每一时间分段分到沿 x, y, z 方向列出隐式差分算式.

仍采用 Crank-Nicolson 算式,则得

$$U^{n+\frac{\alpha}{3}} = \left(I + \frac{\Delta t}{6} L_\alpha\right)^{-1} \left(I - \frac{\Delta t}{6} L_\alpha\right) U^{n+\frac{\alpha-1}{3}}$$
$$(\alpha = 1, 2, 3) \qquad (9\text{-}11)$$

式中 $L_1 = L_x$, $L_2 = L_y$, $L_3 = L_z$

合并后可得

$$U^{n+1} = \prod_{\alpha=1}^{3} \left(I + \frac{\Delta t}{b} L_\alpha\right)^{-1} \left(I - \frac{\Delta t}{b} L_\alpha\right) U^n$$

$$= \left\{ I - \Delta t L + \frac{\Delta t^2}{2} \left[L^2 + \sum_{\alpha=1}^{3} \sum_{\beta=\alpha+1}^{3} (L_\alpha L_\beta - L_\beta L_\alpha) \right. \right.$$
$$\left. \left. + \cdots\cdots + O(\Delta t^3) \right\} U^n \qquad (9\text{-}12)$$

如果 $L_\alpha L_\beta$ 是符合交换律的,则上式可写成

$$U^{n+1} = \left\{ \left(I + \frac{\Delta t}{2} L\right)^{-1} \left(I - \frac{\Delta t}{2} L\right) + O(\Delta t^3) \right\} U^n$$
$$(9\text{-}13)$$

采用以上所述的分部时间法的最大优点是大大减少了对计算机存储量的要求,使得一个本来要求解 $50 \times 50 \times 50$ 的三维问题变成了 3 个求 50 个点的一维问题,而且使得本来要对稀疏阵求逆的问题变成为三对角线矩阵的求逆问题,而后者较前者要方便得多.

但是,分部时间法并不是没有困难的. 困难之一是算子 L 分解为 $L_1 + L_2 + L_3$ 后交换律是否成立问题,如果符合交换律,先沿 x 或者先沿 y 列隐式差分算式都无所谓,分解的差分格式将是二阶精度. 如不符合交换律,则精度将降为一阶的. 这时为了取得二阶精度,可以采取第二次循环的方向和第一次循环方向相反的做法,即

第一次

$$U^{n+1} = \prod_{\alpha=1}^{3} \left(I + \frac{\Delta t}{6} L_\alpha\right)^{-1} \left(I - \frac{\Delta t}{6} L_\alpha\right) U^n \qquad (9\text{-}14)$$

第二次

$$U^{n+2} = \prod_{\alpha=3}^{1} \left(I + \frac{\Delta t}{6} L_\alpha \right)^{-1} \left(I - \frac{\Delta t}{6} L_\alpha \right) U^{n+1}$$

如第一次依次做 $L_x \rightarrow L_y \rightarrow L_z$,第二次做 $L_z \rightarrow L_y \rightarrow L_x$. 两个非交换项相消,这样对非交换算子 L_α 仍保住了二阶精度. 即使算子 L_α 包含了变系数的微分算子或是与 U 相关,只要这些系数足够光滑,上述结论也是正确的.

另一个困难是这种做法不再有无条件稳定的特性,要保证无条件稳定,必须使算子 L,以及所有分裂的算子 $L_1 L_2$ 和 L_3 具有半正定性,即对任一定义于计算域内的函数 U,内积 $(LU, U) \geqslant 0$ 成立.

为了证明这一点,取 U^{n+1} 的范数

$$\|U^{n+1}\|^2 = \frac{(AU^n, AU^n)}{(U^n, U^n)} \|U^n\|^2$$

式中

$$A = \left(I + \frac{\Delta t}{2} L \right)^{-1} \left(I - \frac{\Delta t}{2} L \right) \quad (9\text{-}15)$$

令 $\left(I + \frac{\Delta t}{2} L \right)^{-1} U^n = \xi^n$

则

$$\|U^{n+1}\|^2 = \frac{\left\| \left(I - \frac{\Delta t}{2} L \right) \xi^n \right\|^2}{\left\| \left(I + \frac{\Delta t}{2} L \right) \xi^n \right\|^2} \|U^n\|^2 = \Lambda^2 \|U^n\|^2 \quad (9\text{-}16)$$

Λ^2 称为放大因子.

Λ^2 大于或小于 1 将视 $(L(\xi), \xi)$ 是否大于或小于零而定.

在采用分部时间法时,则为

$$\|U^{n+1}\|^2 = \Lambda_1^2 \Lambda_2^2 \Lambda_3^2 \|U^n\|^2 \quad (9\text{-}17)$$

Λ_1^2、Λ_2^2 和 Λ_3^2 要小于或等于 1,则要求 L_1, L_2, L_3 为半正定算子. 即 $(L_\alpha U, U) \geqslant 0 (\alpha = 1, 2, 3)$.

所以 L_1，L_2 和 L_3 为半正定算子是无条件稳定的充分（但非必要）条件.

分部时间法严格地讲是要求 Λ_1，Λ_2，Λ_3 都是小于1的，但是我们从 (9-17) 式可以看到，只要 Λ_1，Λ_2，Λ_3 三都的乘积小于1就可使之收敛. 因此在实际运算时，若我们不能保证其中一个算子的 Λ 小于1，但我们若能使另外两个算子的 Λ 很小，而使总乘积仍能小于1，那么运算就可进行下去. Marchuk 等曾以无限空间中有激波传播的气体动力学问题为例，说明在周期性的边界条件下或齐次边界条件下，三个分部时间算子都是半正定的，从而计算是无条件稳定的. 因此这个方法曾被认为是很好的差分格式.

但是，实际上的问题都是有界的，而边界上又不一定有周期性的条件或是齐次的，因此就产生了以下的问题：

（1）边界条件：实际的边界条件总是从物理要求确定的，可是对应于 L_x，L_y，L_z 的时间分段边界条件应该怎么给？ 如果用外插，该怎么进行外插？无法只沿 x（或 y 或 z）外插，沿特征线外插，特征线还不知道.

（2）定常问题： 有人认为可以不管分部时间上的情况，只要收敛于最后的结果就行，这就成了定常问题. 但是实际计算表明：即使我们把定常解作为问题的初值开始计算，希望能得到与这给定的初值相差不多的解，但实际上也不能实现，因为把原来的算子 L 改为 L_x，L_y，L_z，定常解不再是任何一部分算子的方程的解，所以用分部时间法分开进行求解时解总是跳动的.

（3）边界条件的周期性： 我们知道采用动量定理时，可以由边界单位时间内的进流出流动量的变化来计算边界内绕流物体所受的力，如果边界条件是周期性的，动量变化等于零，即物体所受的力也应为零，但从计算的结果来估计这个力却并不为零. 应该怎么解释这一矛盾呢？

在计算过程中，有许多不同的误差是难于避免的（如截断误差、舍入误差），也有许多是人为造成的（如前节所述及迭代解方阵时加入的源和汇及本节述及的边界条件的误差）. 这许多误差积滚起来（在空间及时间中相互干扰、迭加），可能远大于各个个别误差的量级．所以流体在一定的计算域内的总动量随计算的进度而改变．如果周期性的边界条件控制了总动量的流出为零，则计算误差动量的积累的负值就必需反应为物体表面上所受的力．所以说用周期性边界条件计算出来的物体表面所受的力（同样可说明**热量的传导**），实质上是反应了计算的误差，而不是该物体在自然情形下所应该受到的力．

在实际问题中，许多流体力学的重点往往是要找绕流物体所受的升、阻力．这种问题不能用周期边界条件来处理，应用符合物理情形的边界条件来求解．这时上述分部法计算的稳定性也就无法保证了．事实上困难还更多，因为在部分算子的计算中需要边界条件．部分算子并非物理上应有的算子，所用的边界条件是否应该是物理的边界条件？如何改变这种边界条件来达到稳定计算的目的？当然我们也可采用不同的部分差分格式，加"人工粘性项"或用各种不同的人为办法来使计算稳定并获得一些比较满意的结果．但是这许多计算结果所给的物体上的升、阻力往往变化很大．有时在差分问题的计算中加入某种参数后，只要将这些参数稍微改动就可以凑出与实验所得的升、阻力相符合的结果．这种做法是不太科学的．（第十一章所举的一例用不同的计算方法所得到的 C_D 可以完全一样，但流场中许多重要特性可能相差很大）．当不知道实验结果而需要预测实际结果时又怎么处理？即使是纯从科学研究的观点来说，我们也应该顾虑到实验结果也常有误差，也同样地难于控制，我们不应该用微小的参数改变来凑出不一定完全可靠的结果．从原则上看这种情形显示了这种差分问题的不适定（而不是它的可广泛应用性），是应该极力**避免**的．适定的差分问题要求："计算的结果不应受不可控制的参变数太大的影响"，这样才能控制计算结果的误差及可靠性而确定它适用的范围．

上面讲的分部时间法是 Marchuk-Yanenko 等创议用来处理非定常的扩散问题的，后来被应用到非定常的流体力学问题上．而后更用到定常的流体力学问题上，分部时间法的概念是将一复杂的算子,分解成许多简单的算子的和.

$$L = \sum_i L_i, \qquad i = 1, 2, 3 \cdots\cdots$$

上述的例子是将 L 分别定为一维的算子 L_1, L_2 与 L_3, 当用 L_1 计算时，将其他的算子略去（认为零）. 因为流体力学中的算子既有波动性又有扩散性，它们的同时存在造成了许多计算上的困难，所以用分部时间法，也可将一维的算子 L_1 再分成波动性的算子 L_c 和扩散性的算子 L_d 分别求解，这样用多次计算简单而熟悉的部分算子来联成一个复杂的物理算子的近似. 每个部分算子与整个的物理问题的算子是不协调的，但是综合起来,在某种意义下可能是协调的,为此，在用 L_1 计算时，其他的部分算子可用已知的迭代解来估计(不必置为零). 这样就使每一部分计算保有一种弱式的协调性. 这种分部计算方法就与用交替方向迭代法解 Laplace 方程很相似(见§3-2节第7法),用隐式的分部算子的方法还有很多种,这里不尽列举. 同时,分部时间法中每部分的算子也可以用显式格式,近年来已有许多种用分部时间的显式方法,如 MacCormack 格式(有许多种). 一般而论,用显式法的稳定性问题都比用稳式法为大,但其主要问题还在适当的边界处理. 这些方法所得的结果,都有不能令人满意之处,因而采用加入"人工粘性项"的处理(参见附录(16))来使计算稳定或减少波动,有时还要加用一些特殊的光滑化或过滤的办法. 根据上节的讨论,我们对这种计算方法所得的结果,在实际应用上的价值是应仔细考虑的.

分部时间法最大的特点是能用一维的格式,用较小的计算机(能足够容纳一维的未知量的存贮)来算出多维问题的解答,这种方法目前还存在着一些困难,如果我们能适当地解决这些困难,其效果可能是极大的. 我们希望针对它的缺点找寻有效的补救办法与适当的改进.

§9-4 混合型方程的差分格式举例

一些流体力学问题在流场的不同局部区域中其特征有明显的本质的差异,表现为计算区域内的偏微分方程的类型发生改变,用不同类型的偏微分方程所控制的局部区域之间,可能用同一条边界线相连,而不存在中间过渡区间,对这种问题计算,如不用隐式差分格式,则计算的稳定问题非常严重. 我们可以分区用适当的格式来计算而后将各区的结果用匹配法配合起来. 如果能有适用于不同偏微分方程形式的差分格式(混合方程差分格式),则我们在计算中不必去顾虑到各区域的边界,间断的存在与否及其位置,这将是非常方便的. 这里举几个混合型方程差分格式的例子,以说明各种差分格式的特点.

我们以时间分步的不同格式作为划分的标准:

时间	空　间
单步式	一阶精度 $O(\Delta x)$

Lelevier 法或逆风式法,这种方法计算最简单,用一阶的前差或后差来代替微分导数,如在 i 点的质点流动方向是由 $i-1$ 点到 i 点,则取后差,在程序中应有决定各点"风向"的逻辑,它以一阶差分格式的截断误差引进了有效"粘性",但这个粘性并非真正的物理粘性. 逆风式差分格式具有传递特性,这对亚音速流和超音速流都是显著的. 在多维问题中采用逆风式方法是有困难的,有时一点的"风向"一再变换而造成计算的不稳定,如果能得到解答,则其解是光滑的,但是许多流场特性已模糊不清了.

二步式	二阶精度 $O(\Delta x^2)$
以时间 t 表示的预估式和校正式	(1) Dufort-Frankel 跳步法

方法简单,但存储量大,因为它要用到 $n, n-1$ 步的节点函数值,而且每一时间步执行运算去取这

些数就费事了，特别是阶次很高的多维问题，存储量可达几万，甚至几百万，找数时间往往比运算时间还长，尤其目前计算机的运算速度愈来愈高，存数、找数的问题就更突出了. 因而断定一个方法的好坏就不能只从格式的运算的次数来看，而要综合估算机器运算及程序处置的总时间.

(2) Brailovskaya 法（Lax-Wendroff 法 $+$ $(x\bar{x})$ 粘性算子）

对 Δt 限制很严，要求 $\Delta t < \Delta x^2$. 粘性项在预估和校正式中是不变的，否则就常变成不稳定. 在大梯度区域中解有跳动. 对边界条件的处理很敏感.

(3) 程心——Allen 法，具有 Dufort-Frankel 粘性式的 Lax-Wendroff 法

稳定性一般只要求满足 CFL 条件，$\dfrac{\Delta t}{\Delta x} \leqslant$ 常数.

从我们计算过的定常问题来看，用这个方法是稳定的. 在大梯度区域中解有跳动. 对边界条件的处理较不敏感. 此法用于非定常问题是不协调的.

以上两种方法都未加人工粘性或对解进行人工光滑化.

(4) 其它二阶（或高阶）精度的空间差分格式

都要加人工粘性，对解作人工光滑处理或对解用过滤技术进行处理. 由于处理都要对解进行某种方式的平均（算术平均、最小二乘法、用样条逼近等等），就存在着平均的次数问题及平均化后的精确度问题. 虽然光滑化往往可推迟溢出时间，但不稳定者仍不稳定.

对于任意时间格式，隐式差分（对部分隐式差分或有限元法）的代数方程组（常是非线性的）迭代求

解时常会遇到"收敛问题"，常常由于边界处理很敏感而遇到困难，尤其是在多维的情况下更是如此.

多步式
（分段时间，预估计和校正式）

(1) Marchuk-Yanenko 法(利用 Crank-Nicolson 隐式空间差分格式)

这方法内存储量较小(尤其是二维问题)可用小机器算大问题. 除对周期性问题外，这种方法算的稳定性没有保证，对边界条件处理(尤其是在分段时间上)非常敏感，主要用于解非定常问题. 解常有跳动. 如用于解定常问题原则上是不太协调的，也存在着收敛问题.

(2) MacCormack 法——采用显式 (或半显式)空间差分 (通常精度是属于 $O(\Delta x^2)$)，比 (1) 法的用 Crank-Nicholson 算式更方便，其它性质相似，但对于边界条件的处理更为敏感，对于定常问题不协调. 但用适当的光滑方法或加足够的"粘性系数或粘性项"在适当的边界处理方法下往往可以找到近似于定常问题的解答，但其精确度不比逆风式高.

上述处理混合型方程的差分格式，多不太理想，所以，匹配法依旧是值得考虑的. 在匹配法中先将混合问题所定义的区域用假想的"内部边界"分成性质不同的单性区域，不同区域的方程用不同的差分格式来求解，而以"内部边界"的改变来迭代求解，使"内部边界"上两边的解"相匹配". 内部边界可以是从椭圆性区域变成双曲性区域的光滑曲线，这里也往往是解的突变位置，如激波或接触表面等一类. 边界两边的解的"一致性"随突变的性质而异. 如激波的 Hugoniot 关系、接触面的流线与压力关系等. 这种未定的边界不一定经过离散点，所以用两侧差分解来满足上述关系是很不准确而非常繁的. 这种边界的位置的迭代计算可能是不稳定的，因而收敛和稳定性都会出现问题.

例如钝头体的超音速绕流问题，在钝头前的激波处是均匀的超音速流，其方程是属于双曲型的，在激波与钝头体间的区域内是椭圆型的，因而要不同的差分格式求解，为了避开这个未定的激波形状和位置，我们可用局部自然坐标 $\eta = 1$ 来代替它（物体表面 $\eta = 0$），用局部坐标 ξ, η 来求解椭圆型区域的解，再利用 Hugoniot 条件把 $\eta = 1$ 边界以外已知的超音速流场结合起来求解．得到解 $v(\xi, \eta)$ 后再决定 $\xi(x, y)$ 与 $\eta(x, y)$ 的坐标关系．

表面看来这样做可以避免激波在 (ξ, η) 空间的流动，但原来的偏微分方程因坐标变换而引进了许多系数，这些系数由于 $\xi(x, y)$、$\eta(x, y)$ 随迭代次数改变而变化，所以激波的位置在 (x, y) 空间内还是变动的．如果在域内不止一个激波，那就要分区用局部坐标来求解，而后用覆盖法把它们联系起来，需覆盖的计算区可能要占各计算区的 1/3 以上．而且在各覆盖区内的匹配条件的处理需要仔细考虑．以避免出现不满意的结果．

第十章 守恒型差分式与事后误差估计

上面我们介绍了一些曾经实际使用过的计算方法,只要事先分析问题的类型及其特点并采用适当的方法来进行计算,所得结果是可以有用的. 由于我们希望计算方法在实际应用中发挥更大的作用,所以我们要求对每一个计算结果都仔细地进行分析,希望能估计计算结果中误差的大小(不单是它的量级的估计). 我们知道单凭截断误差是不够的, 还要考虑边界条件的误差及他们相互间干扰积累的结果,但这些都是难于事先确定的. 一些事前误差估计可以告诉我们误差的量级如误差 $e \sim k\Delta x$. 从数学分析的角度来看,只要常数 k 是有限的,不管它是多大,当间距 Δx 足够小的时候,误差就可以是任意的小,以致趋于零. 但是在实际应用中,我们应用多么小的 Δx 来计算,才能得到符合实际要求的结果呢? 在这种事先误差估计中所得到的常数 k 常不是 $O(1)$ 而是 $\gg 1$. 如果我们要求计算结果有 10^{-2} 的精确度,就需要用 $\Delta x \ll 10^{-2}$ 来计算, 在三维的实际问题计算中就得用 $\gg 10^6$ 个节点. 这无论从计算机的存贮量或是从计算机的速度来说都是不现实的. 我们当然有适当的大而快的、或更大更快的计算机来增加我们解题的速度与方便我们解题的操作,但不能希望用更大更快的计算机,来解决或保证计算结果有适当精度的要求. 应考虑的是如何来比较精确地估计我们某一计算结果的误差的上限. 可利用已得到的计算结果及其特性,来帮助我们获得这样一个比较有用的误差估计,这就是事后误差估计.

为了便于进行事后误差估计,我们假设差分计算解是光滑的而且是渐近收敛于微分方程的真解(也是所要求的物理问题的近似解). 同时我们假设计算用的步长足够小,而使计算结果的误差是一个相对的小量,又因为所研究的问题是非线性的,所以我们也考虑微分方程的真解和差分方程的计算结果是否与物理问题协调的问题.

§10-1 守恒型差分公式

在处理实际的物理问题时,通常有两种不同的看法,一种看法认为应从微分方程出发,在给定的初边值条件下,采用各种数学办法(如差分法,有限元法)把它作为纯数学问题处理;另一种看法认为不应从微分方程出发,而应从实际物理问题出发,因为微分方程本身是物理问题的抽象和近似,其适定条件本身还有问题,尤其是当把微分方程作为纯数学问题处理而不管其物理实质时,往往造成"偏差".而微分方程离散为差分方程时,这种"偏差"就更大.因此,在实际处理差分问题时还常常要靠物理分析.另外,从实际物理问题出发还有许多方便之处,这点将在下面的讨论中反映出来.

下面我们简单归纳一个物理问题的微分方程的建立过程,并进而讨论应如何从物理原则直接写出能反应物理问题性质的差分方程.我们知道,目前作为微分方程所依据的物理原则(如质量守恒,动量守恒,能量守恒)都是人们根据大量的实验总结得出的,并且实验是在"宏观"条件下进行的,所得的结果也是宏观的.例如,包围任意体积的表面具有边界通量 F 且无源点的流动的守恒律,可以下图说明

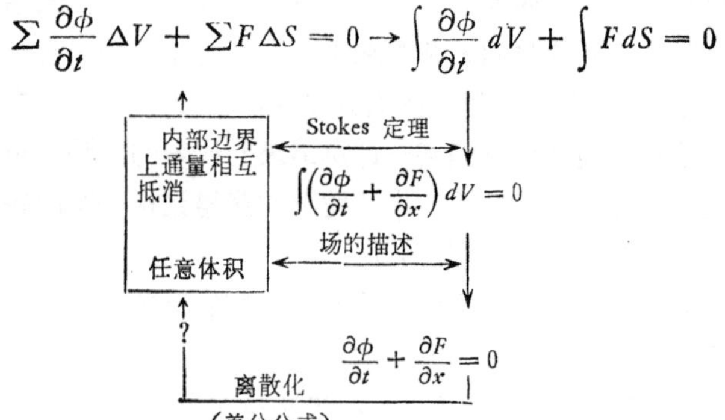

$$\sum \frac{\partial \phi}{\partial t} \Delta V + \sum F \Delta S = 0 \rightarrow \int \frac{\partial \phi}{\partial t}\, dV + \int F dS = 0$$

内部边界上通量相互抵消 — Stokes 定理

$$\int \left(\frac{\partial \phi}{\partial t} + \frac{\partial F}{\partial x} \right) dV = 0$$

任意体积 — 场的描述

$$\frac{\partial \phi}{\partial t} + \frac{\partial F}{\partial x} = 0$$

离散化

(差分公式)

图 10-1

这里，ϕ是我们所讨论的守恒量(质量、动量、能量等). 根据物理的守恒定律它在 $\sum \Delta V$ 空间中的总增量 $\sum \dfrac{\partial \phi}{\partial t} \Delta V$ 与通过该体积表面的总通量 $\sum F \Delta S$ 之和应为零.

当我们运用连续介质力学的基本假定和数学上的极限概念，上面的和式就可以写成积分式，其中第一个积分为体积分，第二个积分为面积分(图上右上角所示). 下一步利用很重要的数学定理(Stokes-Green 定理)把体积分与面积分联系起来(在证明这一定理时，我们认为在交界面上相反方向的积分是相消的)，我们可把面积分化为体积分，因而得到一个积分方程(其中 x 是向量).

从物理实验得到的结果而引伸所得到的物理定律要求许多守恒量 ϕ 及通量 F 的积分对任意体积都成立，并且假定被积函数在域内无奇点，那么我们就可得到如下散度型的微分方程

$$\frac{\partial \phi}{\partial t} + \frac{\partial F}{\partial x} = 0 \qquad (10\text{-}1)$$

再加上适当的初边值条件，它们就可认为是反映物理问题的数学表达式了. 从十七、十八世纪以来，人们就想尽种种办法(如把偏微分方程化为常微分方程等等)以求得这些方程的解. 当微分方程不能解时就用数值近似解，即用离散化的办法来求它的数值解. 原来物理规则是从宏观的离散条件下得出的，经过了种种假定和数学处理后得到了微分方程，现在又要把微分方程进行离散化而变成差分方程. 为了离散，就要用差商代替方程中的导数，这通常用 Taylor 展开式，略去变量增值的高阶项，从而把微分方程化为差分方程，然后求解差分方程. 因为舍去了高阶项以及种种其他原因，计算结果是在一定精度意义下的近似.

在推导微分方程时采用了两个控制性的步骤：即应用了 Stokes 定理以及对于场的描述. 一方面我们假定所有的关系式对于任意体积都成立，另一方面又假定没有奇异点 (实际在采用差分格式时是可能加入人为的奇异点的). 现在来研究关于对"任意体积"

都成立的说法是否正确？

如果我们采用一阶差分（用一阶差分可不外加边界条件，而用二阶差分就要外加边界条件），那么其截断误差和 Δx 同阶，每一小格都有这样一个误差，总共有 $1/\Delta x$ 个小块，如果通量 F 的误差不相互抵消，则总误差积累起来后得 $\dfrac{1}{\Delta x} \cdot \Delta x$，这就不是小量了，即我们不能把小体积一个一个加起来，因为一加起来后系统误差的总和就不小，这和体积可以是任意的假定是相违背的．如果认为截断误差是随机的，有时加有时减（例如舍入误差），截断误差积累的总误差将大约为 $\sqrt{\Delta x}$．这比局部截断误差的量级 Δx 要大的多．其原因是在体积一定的条件下，Δx 愈小就分段愈多，在每分段的交界面（线）通量误差的量级虽随 Δx 减小，但其累积的额却依 $\dfrac{1}{\Delta x}$ 的量级而增加．若在交界面上，异向的通量不完全相消（如证明 Stokes 定理所要求的），则在极限情形下，差分解在边界上的通量的误差就不一定小．这可以造成差分解的不收敛，即使收敛也可能收敛到错误的解上去．

根据以上讨论，即使截断误差为各项误差中的最大的，以 Taylor 级数的截断误差来评价差分格式的准确性是不可靠的，应该要讲这差分问题和物理定律本身的差有多大．所以我们希望能直接用物理定律来写差分格式，这一格式在内点交界上的通量一定要能够相消（指对交界面的两边，一边的流出和另一边的流入量相等）．只有这样，我们的差分格式才有可能用于任意体积上．而维持原差分格式的误差估计，这样的差分格式才和物理问题相协调，虽然仍有截断误差，但在内部单元的边界上这种误差能对消，则总体的差分问题的误差就只有在边界处理上存在．这样做就免去微分方程本身带来的误差．因为物理定律是取离散的微块建立起来的，现在用的差分格式也是建立于离散微块的，这样我们用差分方程来模拟物理上的守恒律显然是有利的．要注意的是我们要的是差分方程的守恒而不仅是微分方程的守恒．

以上所讲的用物理定律来处理差分格式，使之成为守恒型的这一概念是 Lax-Wendroff 在1962年提出来的，他们认为在计算激波时，不能随便写差分格式，而要把微分方程先写成散度型的方程（如(10-1)式），然后将它离散化为相应的差分方程，式中 $\frac{\partial}{\partial x}$ 就是散度算子，F 是通量(可以是质量、动量、能量等)。这样处理后，则在激波的不连续面的两侧仍能符合物理守恒定律，对理想流动激波的 Hugoniot 关系是准确地表达了，因此激波的速度也是准确的。虽然差分的结果可能有跳动。但激波的速度大致还是对的。因此 Lax-Wendroff 等人希望用散度型的微分方程作为差分离散的出发点。这对以后采用的计算格式有很大的影响。

上面讨论守恒的问题是根据图10-1中所示，自变量 x 一定要是物理空间中的 x，因变量 ϕ 应该是物理上的守恒量，如质量、动量与能量。因种种原因(如边界条件的处理等)我们常不直接应用物理上守恒的因变量，而用其他变换过的因变量，不用物理空间中的 x 而用转换过的曲线坐标。这样把微分方程写成散度型的方程作为离散的出发点，以为这样就一定是守恒了的概念，其实是不对的。例如物理定律中动量是守恒的，速度就不一定守恒，旋度守恒这一条也不是普遍成立的(例如在无粘性不可压缩流体流动中，或是在有位势的质量力场的作用下，理想气体的正压运动中旋度才是守恒的)，因而不考虑方程式中因变量及自变量是否适当，都将差分格式写成守恒是不一定符合物理规律的。所以变换微分方程的因变量与自变量进行离散化要十分小心，很有可能得到的差分格式应守恒的却不是守恒的格式，不应守恒的却反是守恒的，其解自然就包含了许多造成误差的因素。

下面以质量守恒定律为例来说明什么样的差分格式是守恒的。假定考虑的是平面问题，采用均匀的矩形网格 Δx、Δy 来划分求解域，所讨论的物理量是 ρ，ρu，ρv。$\rho_{i,k}$ 是在 $i\Delta x$，$k\Delta y$ 格子中流体的平均密度，在 Δt 时间内格子中质量的变化是 $(\rho_{i,k}^{n+1} - \rho_{i,k}^{n})\Delta x\Delta y$，在同一时刻内格子边界上有质量流出与流入，但是边界上的参数是未知的，在二阶精度下可假定它为相邻格子中的代

数平均值，因此，若把 i, k 增加的方向作为正方向，质量守恒关系（对于 j, k 格子）就是

$$(\rho_{j,k}^{n+1} - \rho_{j,k}^{n})\Delta x \Delta y + \frac{\Delta t \Delta y}{2}\{[(\rho u)_{j+1,k}^{n} + (\rho u)_{j,k}^{n}]$$

$$- [(\rho u)_{j,k}^{n} + (\rho u)_{j-1,\,k}^{n}]\} + \frac{\Delta t \Delta x}{2}\{[(\rho v)_{j,k+1}^{n} + (\rho v)_{j,k}^{n}]$$

$$- [(\rho v)_{j,k}^{n} + (\rho v)_{j,k-1}^{n}]\} = 0 \qquad (10\text{-}2)$$

对于邻近的格子 $(i-1)\Delta x$, $k\Delta y$，质量守恒的差分公式可从上式以 $(i-1)$ 代替 i 得出，两个格子的公共边界在 $\left(i - \dfrac{1}{2}\right)\Delta x$、$k\Delta y$ 上，由 $(i-1)\Delta x$、$k\Delta y$ 格子通过公共边界流出的质量流量为 $\dfrac{1}{2}[(\rho u)_{j,k}^{n} + (\rho u)_{j-1,k}^{n}]$，显然它和相邻格子 (i, k) 的流入的质量流量是相同的．因此，这两个格子的差分公式相加时，流过共同边界上的流量可相互消掉，所得出的差分公式就和质量守恒关系直接应用于组合格子所得到的差分公式是相同的，并具有 $O(\Delta x^2)$ 阶的精度．当把其它相邻格子的差分格式相加时也可以得到相同的结果(对动量和能量关系将得到类似的结果)．因此我们可以得到精度达 $O(\Delta x^2)$ 的守恒差分公式．容易证明，把时间前差及空间中差应用于散度型的微分方程 (10-1)，也可以得到守恒型的差分公式．同时，将微分方程离散为散度形式．物理空间均匀分格，用空间前差或后差也可以得到具有 $O(\Delta x^2)$ 阶精度的守恒型差分格式．

如果我们不从散度型的微分方程出发，而以其展开式出发进行差分离散，则有时可得出守恒型差分公式，有时得出的是不守恒的．现以 x 方向质量展开式 $u\dfrac{\partial \rho}{\partial x} + \rho\dfrac{\partial u}{\partial x}$ 为例加以说明，假定我们都采用空间中差，这时我们可得到两种差分格式，第一种为

$$\frac{\Delta t \Delta y}{2}[U_i(\rho_{i+1} - \rho_{i-1}) + \rho_i(U_{i+1} - U_{i-1})] \qquad (10\text{-}3a)$$

第二种为

$$\frac{\Delta t \Delta y}{4} \left[(U_{i+1} + U_{i-1})(\rho_{i+1} - \rho_{i-1}) \right.$$
$$\left. + (\rho_{i+1} + \rho_{i-1})(U_{i+1} - U_{i-1}) \right] \qquad (10\text{-}3b)$$

这时从格子 $(i-1, k)$ 通过位于 $\left(i - \dfrac{1}{2}\right)\Delta x$ 的边界流向格子 (i, k) 的流入量各为（相应于上两式）

$$\frac{\Delta t \Delta y}{2} \left[U_i \rho_{i-1} + \rho_i U_{i-1} \right] \qquad (10\text{-}4a)$$

或

$$\frac{\Delta t \Delta y}{4} \left[(U_{i+1} + U_{i-1})\rho_{i-1} + (\rho_{i+1} + \rho_{i-1})U_{i-1} \right] \quad (10\text{-}4b)$$

从格子 $(i-1, k)$ 通过 $\left(i - \dfrac{1}{2}\right)\Delta x$ 边界流向格子 (i, k) 的流出量为（从公式 (10-3) 以 $(i-1)$ 代 i 即可得）

$$\frac{\Delta t \Delta y}{2} \left[U_{i-1}\rho_i + \rho_{i-1}U_i \right] \qquad (10\text{-}5a)$$

或

$$\frac{\Delta t \Delta y}{4} \left[(U_i + U_{i-2})\rho_i + (\rho_i + \rho_{i-2})U_i \right] \qquad (10\text{-}5b)$$

流出量 (10-5a) 和流入量 (10-4a) 是相同的，当把两个格式组合起来时，它们可对消，因此即使我们不从散度型的微分公式出发，差分格式 (10-3a) 也导致守恒型的差分公式. 但是流出量 (10-5b) 与流入量 (10-4b) 就不同了，把两个格式组合时，它们不能完全对消而将在公共边界上产生大小与 $\Delta x \cdot \Delta y \cdot \Delta t$ 成正比的质量源. 这在二阶精度算式中往往是被忽略的，它使得 (10-3b) 式的差分方程成为不守恒型. 即使这些误差对具有 $1/\Delta x^2$ 个网格的计算域是随机地累积的，则累积的截断误差将是 $O(\Delta x)$ 量级的.

从以上的讨论可见，对于解决实际物理问题来讲，我们要的是使差分格式与物理定律相协调，只要离散格式能和物理定律相协调就可以. 为了实现这一点，我们既可从微分方程出发，也可以直接从物理定律出发来得出差分公式，后者对处理边界条件也是有好处的.

应用守恒型差分格式的概念也便于我们写出物理空间中不等距网格的差分格式，例如若采用不等距网格的相邻间距比为

$$\frac{(\Delta x)_{j+1}}{(\Delta x)_j} = n_{j+\frac{1}{2}}$$

$$\frac{(\Delta x)_j}{(\Delta x)_{j-1}} = n_{j-\frac{1}{2}}$$

那么从相邻两格子组合时，在公共边界上相应项能对消的原则出发，我们就很容易写出相邻两单元格子中的参数在公共边界上的权，从而可得出相应的守恒型差分格式，以下是 Δt 时间内通过 x 方向的流量公式

$$+ \Delta t \Delta y \left[\frac{n_{j+\frac{1}{2}}}{1 + n_{j+\frac{1}{2}}} (\rho U)_j + \frac{1}{1 + n_{j+\frac{1}{2}}} (\rho U)_{j+1} \right]$$

$$- \Delta t \Delta y \left[\frac{n_{j-\frac{1}{2}}}{1 + n_{j-\frac{1}{2}}} (\rho U)_{j-1} + \frac{1}{1 + n_{j-\frac{1}{2}}} (\rho U)_j \right]$$

很容易按这式子写出相邻格子在这一公共边界上的值，它们是可以完全相消的.

从物理守恒定律直接写相应的守恒型差分格式是很方便的，还可以再举些曲线坐标中的例子，仍以质量守恒关系为例，在圆柱坐标系中它为

$$\frac{\partial \rho}{\partial t} + \frac{1}{r} \frac{\partial}{\partial r} (r \rho u) + \frac{1}{r} \frac{\partial}{\partial \theta} (\rho v) + \frac{\partial}{\partial z} (\rho w) = 0$$

$$(10-6)$$

其中 u, v, w 分别为径向,周向和轴向的速度分量，这时即使我们采用均匀的空间网格 $\Delta r, \Delta \theta, \Delta z$ 和空间中差，为了得到守恒型的差分格式在离散上式时仍会有如何处理量纲系数（把直角坐标变换成圆柱坐标时的变换系数）的问题，例如第二项导数部分可用中差离散成

$$\frac{(r\rho u)_{j+1} - (r\rho u)_{j-1}}{2\Delta r}$$

但对其系数 $1/r$ 分别可取 $1/r_{j+1}$, $1/r_j$, $1/r_{j-1}$ 之任一个，不同的处理将产生不同的计算结果，也可能影响到计算的稳定性．如从物理守恒定律来看，问题就变得明确了，因为 $1/r$ 是在写质量守恒定律的计算控制体积时出现的，所以它就应取 $1/r_j$．

或者从极轴坐标中物理空间的守恒定律

$$-\Delta r \Delta z (r_j \Delta \theta) \cdot \Delta t(\rho)_t = \Delta t \cdot \Delta z \Delta r (\rho u r \cdot \Delta \theta)_r$$
$$+ \Delta t \Delta z \Delta r \Delta \theta (\rho v)_\theta + \Delta t \Delta r (r_j \Delta \theta) \cdot \Delta z (\rho w)_z$$

$$(10-7)$$

来看也是很明显的，这 r 就应是 r_j．式中括号后下标 t, r, θ 与 z 代表括号内变量对该自变量的偏微分．

对于复杂的情况，如动量（是向量）也可用类似的守恒定律来写其守恒型的差分公式．只要使组合时公共边上的值能相消就行，就可实现这一要求．

总之，守恒型差分方程虽由物理定律出发写出，但在数学上也是方便的．我们要求差分格式与物理定律是协调的，这种格式在处理非线性项时也有优点．

以上所述守恒型差分式并没有保证计算一定是稳定或结果一定是准确的．需另行分析计算的稳定问题及计算结果的误差．如果我们不能用分析方法来决定，我们就可以通过计算来判断它是否稳定．有关计算结果的误差分析就更复杂，而且得到的解答是否随计算格式中各参数作连续的、有限的变化，目前也难于事先确定，还要用计算来检验．有了计算格式，通过计算来看它是否连续，看边界条件或其他参数稍作改变时，解是否会有很大变化，如果把边界条件或公式中的参数稍作改变解就上下跳动，表明解对边界条件和参数是"敏感"的，也可能是不连续的．这样用离散方法得到的近似解的准确性就大有研究的必要．

§10-2 事后误差计算

当我们决定采用守恒的差分格式进行计算后，应采用什么样的网格? 网格的粗细对计算精度又有什么影响? 这是我们解决实际问题时很关心的问题,我们希望对计算结果的精度有一估计,据以判断计算结果在实际应用上是否适合.

事先估计是很困难的,即使我们能把对误差界限的估计从周期边值问题推广到更真实的边界条件,这样一个复杂而困难的事先误差估计往往给出过大的误差界限,在实际应用上意义甚小. 因此,需要有一个简单的可以普遍应用的事后误差估计,尽管它不够严格和精确. 我们选择非线性的 Burgers 方程作为 Navier-Stokes 方程的一维模式,其无量纲形式如下:

$$\frac{\partial u}{\partial t} + u \frac{\partial u}{\partial x} = \frac{1}{\text{Re}} \frac{\partial^2 u}{\partial x^2} \tag{10-8}$$

式中 Re 为雷诺数. 方程是拟线性的,既有波动性质又有粘性项,与单纯的波动、扩散方程不同,但它又是最简单的能代表流体力学性质的方程,并且在许多情况下还能找到它的精确解. 因而可以定量地估计计算误差,并与理论值进行比较,所以我们用它来分析精度问题.

在方程 (10-8) 中,命 $u = \frac{-1}{2\text{Re}} \cdot \frac{\partial}{\partial x} (\ln \phi)$ 就可由非线性方程变成线性的扩散方程 $\frac{\partial \phi}{\partial t} = \frac{1}{\text{Re}} \frac{\partial^2 \phi}{\partial x^2}$,这样用适当的定解条件就易于求解了. 这里将讨论其定常解,因为定常解的情况是大量遇到的. 在解 Burgers 方程时,因为方程是对称的,我们把解域 x 限于 0 到 -1 之间,并假定解是光滑的. 同时还假定误差是小的,令 $U = u + e$,若 $e \ll u$ (u 是微分方程的解,U 是差分解,e 为误差),则可得到线性化后的误差微分方程,用不同的差分格式,这误差方程的非齐次项是不同的. 对各非齐次项求出此方程的特解,各特解的边界值均为零. 这样,就找到了各误差的影响(如时间、空间、对流项……). 将这些结果进行迭加(因为方程式已经线性化),就能得出总的误差(详细过程参见一般参考书籍之 12). 这里因我们讨论的是定常边值问题,所以没有初值误差,又因为边界值已给定,所以也没有边值误差. 讨论的只是截断误差,以 e_T 表

示,根据一般参考书籍之 12 中的计算，e_T 可表示为

$$\frac{e_T}{(\mathrm{Re}_{\Delta x})^2} = M_0 E_0 + \frac{M_1 E_1 + (1 + 3r) M_2 E_2}{2 + r} + \frac{M_3}{2} E_3$$

$$(10\text{-}9)$$

其中，r 是非线性对流项差分格式中的一个参数，M_0 是由定常状态准则所确定的常数，$\sup[U_j^{n+1} - U_j^n] < M_0 \Delta x^3$，$M_1 (\mathrm{Re}_{\Delta x})^2$ 和 $M_2 (\mathrm{Re}_{\Delta x})^2$ 是拟线性对流项

$$u \frac{\partial}{\partial x} u \rightarrow \frac{r}{2 + r} \frac{U_j(U_{j+1} - U_{j-1})}{2\Delta x} + \frac{2}{2 + r} \frac{U_{j+1}^2 - U_{j-1}^2}{4\Delta x}$$

引出截断误差系数，$M_3 (\mathrm{Re}_{\Delta x})^2$ 是粘性项的截断误差系数.

对于适当的差分格式和足够光滑的解，M_1，M_2，M_3 是与 $O(1)$ 同阶的，E_0，E_1，E_2 与 E_3 是真解 $u(x)$ 的通用函数，它们在边界上都为零，而它们的绝对值又都小于 0.1，见图 10-2.

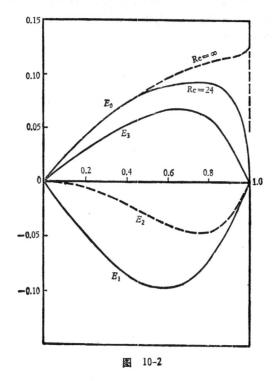

图　10-2

从 (10-9) 式和图 10-2 可以看到:

在无边界误差及初值误差情况下,采用守恒差分格式和具有光滑解时,截断误差 e_T 是和 $(\mathrm{Re}_{\Delta x})^2$ 成正比的,而不是以前所说的与 $(\Delta x)^2$ 成正比. 这里 $\mathrm{Re}_{\Delta x}$ 是以 Δx 作为特征长度,以 Δu 为特征速度 (Δx 范围内速度的改变量) 所定义的雷诺数,只有用这个 $\mathrm{Re}_{\Delta x}$ 才能真正表示网格的粗细,一般在速度变化大的地方,正是我们的 Δx 应加密的地方 (在速度变化小的地方加密网格是无意义的,只是增加计算量),因而应以 $\mathrm{Re}_{\Delta x}$ 的大小来衡量网格的粗细,一般说我们希望 $\mathrm{Re}_{\Delta x} \approx 1$.

对于 $\mathrm{Re}_{\Delta x} = O(1)$ 和参数 $r = O(1)$ 的全部有限值,最大绝对截断误差的估计值符合下列关系

$$e_T \leqslant 3 \times 10^{-2} (\mathrm{Re}_{\Delta x})^2 \qquad (10\text{-}10)$$

如果 Burgers 方程在一定程度上确能代表我们研究的问题,那么 (10-10) 式就使我们对误差有了一个事后估计的可能 ($\mathrm{Re}_{\Delta x}$ 中的 Δu 需事后,即计算后才能知道). 系数 (3×10^{-2}) 比 0.1 小是因为各种截断误差有正有负,能互相抵消一部分,由 (10-10) 式可见,若 $\mathrm{Re}_{\Delta x} = 1$, $e_T < 3\%$. 而 $\mathrm{Re}_{\Delta x} = 2$, 则 $e_T < 12\%$, 因而我们希望 $\mathrm{Re}_{\Delta x}$ 要小些. 但实际上因受计算机容量和速度的限制,对于复杂的流体力学问题 (如激波与边界层干扰问题) 要使 $\mathrm{Re}_{\Delta x} < 2$ 是不现实的,这个值往往是几百、几千. 如何处理此类问题在第十二章中还要详细讨论.

另外还可看到,$\mathrm{Re}_{\Delta x} \geqslant 24$ 和 $\mathrm{Re}_{\Delta x} \doteq \infty$ 时,其 e_T 除边界附近外相差不大,这就是说从计算截断误差的角度来看,只要 $\mathrm{Re}_{\Delta x} > 10^2$ 时,较细的网格计算的结果比起较粗网格的精度往往不会有明显的改善. 所以当加细网格而计算结果变动不多时,并不说明计算结果精度已够了.

关系式 (10-10) 可作为二阶精度守恒差分格式截断误差界限的初始估计值. 对非守恒型的差分格式,其截断误差可能累积,结果将远远超过 (10-10) 式给出的估计值.

根据线性化分析,由边界值误差 e_b 引起的域内点的误差 e_B

可表示成

$$e_B == e_b E_h \qquad (10\text{-}11)$$

其中 E_h 是影响分布值，在产生误差的边界上它的值是 **1**，它缓慢地衰减到其他边界上取零值，由图 10-3 所示边界误差对**内**部点的精度影响是很大的。因此对于边界条件的处理应该重视。边界处理也涉及到 $\text{Re}_{\Delta x}$ 值的选择，因 $\text{Re}_{\Delta x}$ 不能太大，否则 e_T 就大，既然 $\text{Re}_{\Delta x}$ 要适当小，计算点子的总数又因种种原因受到限制，计算域就不能取得太大。在实际计算解问题时，$\text{Re}_{\Delta x}$ 的选取应有所权衡。

由模式得出的上述通用函数 E_0，E_1 以及 E_h 等可以理解为描述在计算域内误差传递的"影响函数"，这些函数可经验地由所谓

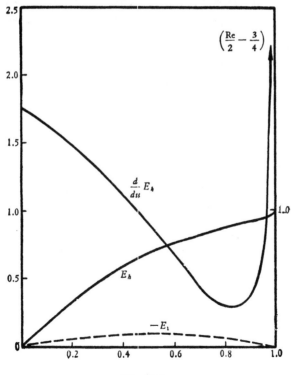

图 10-3

"事后"的方法来确定,其方法是在一特定点上(对边界误差此点选在边界上,对截断误差此点选在内点上)我们引入一已知误差,然后在这种修改后的条件下再进行计算,由两组解(指引入和未引入上述误差的解)之差就得出了函数 E,显然,这种事后确定的影响函数 E 给我们的计算程序提供了附加的校核.

从模式研讨中可得出下列一般结论. 它们只适用于截断误差不会累积的守恒型差分格式,其边界误差和截断误差可由(10-10)式至(10-11)式分别处理和估计.

(1) 对二阶精度格式,定常状态准则 $|U_j^{n+1} - U_j^n| < O(\Delta x^4)$,是足够精确的.

(2) 对 $\bar{n}$ 阶精度的守恒型差分算式,截断误差 e_T 可期望为 $(\text{Re}_{\Delta x})^{\bar{n}}$. 影响函数 E_1, E_2 的最大值并不一定比 10^{-1} 小很多,当实际的 $\text{Re}_{\Delta x} > 1$ 时,最大截断误差不一定比用二阶精度格式算得的误差小.

(3) 减小网格大小并不能有效地减小边界误差. 它们衰减缓慢,一般讲比在 $\text{Re}_{\Delta x} = O(1)$ 的实际情况下的截断误差大很多. 对复杂的实际问题要获得一个相当精确解答必须合理地处理各种边界条件.

我们计算过一些复杂的问题,包括完整的 Navier-Stokes 方程,当时用的 $\text{Re}_{\Delta x} = 10$,但仍取得了满意的解答,最大误差 $<3\%$. 我们曾认为只有 $\text{Re}_{\Delta x} < 2$ 才能取得好结果,这里 $\text{Re}_{\Delta x} = 10$ 结果仍然很好. 当然有许多因素,但说明用一定的粗网格计算有时精度也不一定低,这问题将在第十二章中再予讨论.

第十一章　水动力学问题

本章以水动力学中一个比较简单的圆球绕流问题为例，先获得在实际工作中有些意义的结果，并讨论这些结果来指出许多实际上的困难．依次的用迭代法来解一组泊松方程与解单一的泊松方程有很大的不同．我们将指出用差分方法来解水动力学问题可能比气动力学问题更困难的原因．

§11-1　流函数——旋度方程解法

二维空间中不可压缩粘性流体的流动可以用 Navier-Stokes 方程来描述．这种 N-S 方程可以表达成流函数——旋度方程的形式．在二维空间 (x, y) 中质量连续方程为：

$$\frac{\partial u}{\partial x} + \frac{\partial v}{\partial y} = 0 \tag{11-1}$$

式中 u, v 为任一点流速在 x, y 方向的分量．此式可以用流函数 $\psi(x, y)$ 来表达．ψ 是一标量函数，定义为

$$u = \frac{\partial \psi}{\partial y}$$
$$v = -\frac{\partial \psi}{\partial x} \tag{11-2}$$

这样，垂直于平面 (x, y) 的旋度分量 $\omega\left(\omega = \frac{\partial u}{\partial y} - \frac{\partial v}{\partial x}\right)$ 可以表达为

$$\nabla^2 \psi = \frac{\partial^2 \psi}{\partial x^2} + \frac{\partial^2 \psi}{\partial y^2} = -\omega(x, y) \tag{11-3}$$

若取动量方程的旋度并化为旋度传递方程，则有

$$\frac{\partial \omega}{\partial t} + \frac{\partial \psi}{\partial y} \cdot \frac{\partial \omega}{\partial x} - \frac{\partial \psi}{\partial x} \cdot \frac{\partial \omega}{\partial y} = \nu \nabla^2 \omega \tag{11-4}$$

取动量方程的散度式将给出用 ψ 和 ω 表达的 $\nabla^2 p$（p 为任一点压强），这样，一旦 ψ 和 ω 由式（11-3）与（11-4）确定之后，便可求到各点的压力 p. 因此，一个水动力学问题可以看作对于 ψ 和 ω 两个联立椭圆型方程式（方程（11-3）和（11-4））的求解问题，这一问题在闭合的边界上服从 Dirichlet 条件或者 Neumann 条件. 物理的边界条件取决于具体的特定问题.

举个简单情况为例： 在一个封闭的矩形箱中一条涡线的衰减. 在这种情况下，边界上（取作 $x = 0$，$y = 0$，$x = 1$，$y = 1$）$u = v = 0$，这一组物理边界条件必须变换为 ψ 和 ω 的边界条件. 在边界上，可以令 $\psi = 0$. 这样，根据（11-3）式，当 $\omega(x, y)$ 在整个域上给出时，完全可以用它来决定流函数 $\psi(x, y)$，其余的物理边界条件是

$$\frac{\partial \psi}{\partial y} = u = 0 \quad 在\ x = 0 、x = 1\ 上$$

$$-\frac{\partial \psi}{\partial x} = v = 0 \quad 在\ y = 0 、y = 1\ 上 \tag{11-5}$$

现在的问题在于解方程（11-4）时如何决定 ω 的边界条件. 实际上，这个问题在第一次解方程（11-3）式寻求 $\psi(x, y)$ 值时未予考虑，然后，我们根据求出的近边界处的 ψ 值来估计 ω 的边界值. 这样做考虑或不考虑条件（11-5）都是可以的. 原则上，边界条件（11-5）至少需要作事后校验. 显然，ω 的边界值会有一个误差 e_b、其数量级为 Δt、Δx 或 Δy，这取决于由靠近边界处的 ψ 值来计算 ω 边界值时所用算法的精度.

如果在整个空间域（$x = 0$ 至 1，$y = 0$ 至 1）和时间域（$t = 0$ 到 t）将方程（11-4）积分，则得旋度的总衰减：

$$\int_V [\omega_0(t = 0) - \omega(t)] dv = -\nu \int_t dt \int_V \nabla^2 \omega dv$$

$$= \nu \int_t dt \int_s (\nabla \omega) \boldsymbol{n} ds \tag{11-6}$$

也就是，旋度的衰减正比于旋度的梯度 $\nabla \omega$ 在边界上的全部流出量. 这样，在整个箱子中旋度衰减的非随机累积误差是和 NJe_b

同一量级的. 其中N是积分的时间分步数, 而J是某一方向上的空间网格数. 积分公式的应用表示在差分计算中整个内点上截断误差的累积被略去了. 为此旋度总的衰减和边界旋度的精度以及与形成边界旋度的公式有关的误差是否或者如何在空间(沿边界)和时间上积累有很大的关系.

以流函数和旋度作为未知函数使边界条件的处理问题出现了困难. 为防止在整个内点上截断误差积累而采用的守恒型算式, 这时也变得很复杂. 如果利用物理变量u和v作为未知函数, 边界条件方面的困难便消除了, 并且守恒型的差分格式也易得到. 旋度——流函数公式的优点是减少了需同时求解的偏微分方程的数目, 但这一优点往往为上述困难所超过. 并且压力场的决定也常常带来新的问题.

对于在所计算的流场中有流量流入和流出的水动力学问题, 差分格式的边界处理还存在另外一种困难. 这是因为物理的边界在计算流场上下游很远的地方, 难以确定计算区边界上的流动情况. 在数值积分这一类水动力学问题时, 流函数——旋度方程常常是被采用的. 对 Poisson 型方程有许多有效的方法可以求解. 但大多不能作出误差估计, 主要因为它们的差分格式是非守恒型的, 这样的格式会出现局部截断误差的积累. 实验资料一般不能有效地对计算结果作出定量的误差估计, 所以这一类计算大多只能对不同的流场计算某些"合理"近似解, 而不能用来定量估计它们的值. 下面引用一个球的绕流计算来说明这一点.

用球坐标来描述均匀流过一个球的流场是方便的. 为使计算域的外界扩展到下游尽可能远处, 用$z = \ln r$代替物理半径r. 不同作者在 Reynolds 数为 40 和 100 范围内完成了三组数值积分. Taneda 在 1956 年给出了球绕流一组实验资料. 实测值和理论计算值在一些最为敏感的地方作了比较, 如尾流长度、分离点的位置、旋度的中心点以及作用于球上的总阻力等.

Jenson 利用了松弛法, 而 Hamielec 等利用 Galerkin 加权的有限元法, 他们采用了相同的下游边界条件来近似均匀的外部来流

表 11-1　用同一下游边界条件,根据 N-S 方程计算球的尾迹流

Re	作　者	域半径	涡　旋		流函数	速　度 (Oseen 解)	网格尺寸 $\triangle \theta, \triangle z$
			ω	$\triangle \omega_{Oseen}$			
40	Jenson	3	外插	5×10^{-1}	$\psi = \psi_\infty$	5×10^{-1}	$6°, \dfrac{1}{20}$
	Hamielec	7	0	2×10^{-1}	$\psi = \psi_\infty$	2×10^{-1}	$6°, \dfrac{1}{20}$
	Hoffman 和 Ross	14	0	$1/3 \times 10^{-2}$	$\psi = \psi_\infty$	10^{-1}	
	Rimon 和程心一	20	0	10^{-3}	$\dfrac{\partial \psi}{\partial x} = 0$	10^{-2}	
100	Hamielec Hoffman 和 Ross	7	0	5×10^{-2}	$\psi = \psi_\infty$	2×10^{-1}	$3°, \dfrac{1}{40}$
	Rimon 和程心一	20	0	10^{-3}	$\dfrac{\partial \psi}{\partial x} = 0$	10^{-2}	$6°, \dfrac{1}{20}$

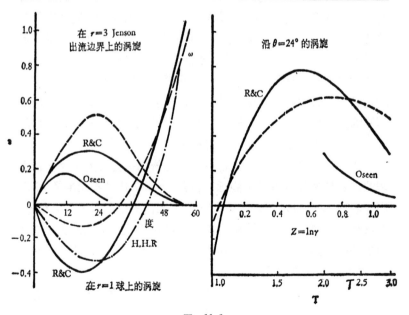

图　11-1

[见表 (11-1)]. 两者的计算都很仔细,保证得到稳定的解. 他们所得到的阻力系数 C_D 与由实验所得到的"标准阻力曲线"一致. 然而两者在某些地方还有很大差别. 例如在 Re $= 40$ 时,球面尾迹侧边的旋涡两者相差达 2—3 倍(图 11-1). 另外,流线图型虽然定性地相似,但在尾迹回流区它们有明显的不同. 这些差别明显地说明了由于差分格式的非守恒性所带来的截断误差积累的影响是很重要的,尽管总的结果(如阻力系数 C_D 等)是一致的. 在 Re $= 40$ 时与 Taneda 的尾迹数据相比, Jenson 的结果比 Hamielec 等人的结果偏离更大 [见图 11-2]. Hamielec 等还计算了 Re $= 100$ 的情况,为了得到合理的稳定状态,他们用了更细的网格 $\left(\Delta\theta = 3°, \Delta z = \frac{1}{40} \right)$,并且为了与实验的阻力系数一致需要引入某些细微的调整.

Rimon 和程心一使用了 Gauss-Seidel 超松弛方法,成功地建立了守恒型的差分公式,尽管利用了曲线坐标和流函数——旋度公

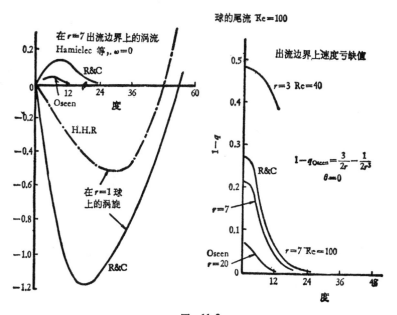

图 11-2

式，这个差分格式仍然是简单的．用的网格尺寸与前述作者用的尺寸相同 $\left(\Delta\theta = 6° \text{ 和 } \Delta z = \dfrac{1}{20}\right)$．差分格式的守恒性使得有可能估计累积的截断误差的上界，$e_T < 3 \times 10^{-2}(\text{Re}_{\Delta x})^2$，式中的局部 Reynolds 数 $\text{Re}_{\Delta x}$ 要用 $\text{Re}_{\Delta z}$ 代替．对于 Re = 40 和 100 这两种情况，$\text{Re}_{\Delta z}$ 的大小可以用计算结果来估计，即根据尾迹后滞止点附近区域中的速度梯度，按照下式计算

$$(\Delta v)_{\max} = \left(\frac{\partial v}{\partial x}\right)_{\max}\Delta z$$

网格 Reynolds 数 $\text{Re}_{\Delta z}$ 是根据最大的速度差算得的．对 Re = 40 和 100 这两种情况，它们的大小分别小于 $\dfrac{1}{2}$ 和 1．因此，累积的截断误差的绝对上界 $3 \times 10^{-2}(\text{Re}_{\Delta z})^2$ 分别为 1% 和 3% 左右．根据下游边界的外插条件给出了最大的边界误差．边界误差的绝对

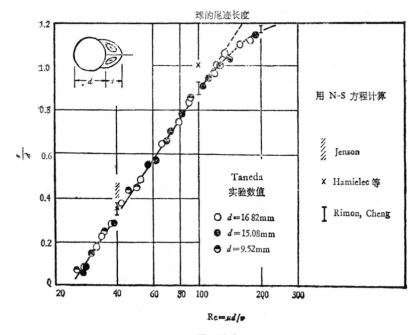

图 11-3

上界可用下式估计

$$e_b \approx -2 \frac{e_b'}{\mathrm{Re}}$$

式中 $e_b' = 1$, Re 由尾迹区中的最大速度及后滞止点到外边界的长度计算. 这个长度为球径的两倍. 所以 Reynolds 数 Re 分别为 80 和 200. 因此, 边界误差限以 $2e_b'/\mathrm{Re}$ 估计分别为 2.5% 和 1%. 将截断误差的绝对上界与边界误差加在一起, 总的误差界限对于 Re=40 和 100 分别大约是 3.5% 和 4%. 这是十分满意的精度. 这样, 我们可以期望, 计算结果将与 Taneda 实验数据一致, 甚至在某些细部也能很好地一致. 参看图 11-3, 11-4, 11-5.

当 Reynolds 数继续增加时, 绕球的流动已经失去了对称的性质. 由于这时在尾流中出现了 Kármán 涡街, 流动不仅不再稳定, 而且是真正的三维流动了. 这不仅增加了计算时间而且分析起来大为复杂. 在尾迹区的旋涡场中, Rimon 和程心一的计算值与 Hamielec 等的计算值比, 当 Re = 100 时相差二倍或更大, 而当 Re = 40 时它们之间的相差小很多. 这再一次说明大的网格雷诺数对局部截断误差累积的重要性.

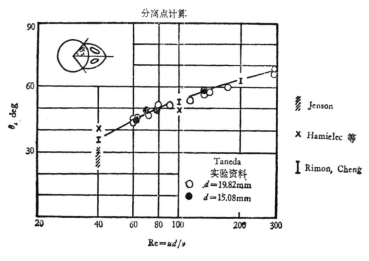

图 11-4

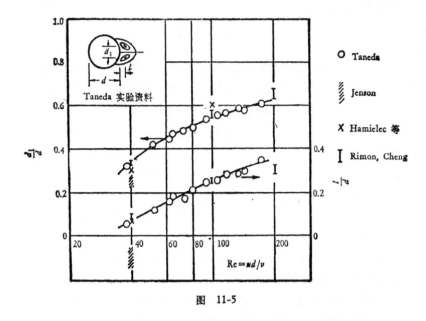

图 11-5

三维空间中与时间有关（非定常）的水动力学问题则更困难，如果研究紊流则更是如此．尽管在可以预见的未来，计算机的容量将有巨大进展，紊流脉动的高频分量是否能以某种精度来处理仍是有疑问的．

§11-2　一般解法及其讨论

上节水动力学问题的处理是用流函数 ψ 与旋度 ω 为主要未知量．其基本微分方程（11-3）与（11-4）不包含压力 p，原来的二维问题中有三个未知量 u,v 与 p，用 ψ,ω 求解只要同时解两个未知量，这是很有利的，把计算简化了．当 ψ,ω 已从（11-3）与（11-4）求得后，再直接求解压力 p，压力的分布是实际问题中的一个重点．在解得 ψ,ω 后，如何求解 p，可利用动量方程的散度式．原则上，动量方程的散度式为

$$\nabla^2 p = -2\rho \left[\left(\frac{\partial u}{\partial x}\right)^2 + \frac{\partial u}{\partial y} \cdot \frac{\partial v}{\partial x}\right] \tag{11-7}$$

是一个 Poisson 方程. 右侧的函数为 p 的源，这里 ρ 是液体的密度. $u = \psi_y$, $v = -\psi_x$ 为速度分量，可从已知的 $\psi(x, y)$ 求得. 要从 (11-7) 式求解 p，我们需要 p 的边界条件，如上节所讨论的绕流问题，其流场是远至无穷的一个开域，求解开域的 Poisson 方程是有困难的. 主要问题是物体表面上的压力应如何选取才能使 (11-7) 式成为一个适定的 Dirichlet 问题，事实上，物体表面的压力分布是这个问题待解的主要未知量，在这种情形下，我们遇到应如何设置在物体边界上的压力条件的问题.

物体表面的速度为零，所以原来的动量方程变成

$$\frac{\partial p}{\partial x_i} = \mu \frac{\partial^2 u_i}{\partial x_i \partial x_i},$$

从已知的流场，可求得物体边界上任一点的法向梯度 $\frac{\partial p}{\partial n}$. 这样 (11-7) 式就可用混合的边界条件来求解. 即，在物体表面上采用 Neumann 条件，而在远处边界上则用 Dirichlet 条件 $p = p_\infty$. 这个微分问题将是适定的. 但它的差分解可难令人满意，首先求 $\frac{\partial p}{\partial x_i}$ 时要将 $\psi(x, y)$ 微分三次，我们用差分解的 $\psi(x, y)$ 来求得

$$\frac{\partial^2 u_i}{\partial x_i \partial x_i}$$

是很不准确的. 因此常认为粘性系数 μ 很小，而迳取 $\frac{\partial p}{\partial n} = 0$（即采用了边界层理论的近似性). 用物体表面上 $\frac{\partial p}{\partial n} = 0$ 的差分解，常比用 $\frac{\partial^2 u_i}{\partial x_i \partial x_i}$ 的为光滑，而似乎较为满意，但是这样的 $p(x, y)$ 解，还是有很大的缺点.

方程式 (11-7) 右侧的源，用 $\psi(x, y)$ 来计算时，也不准确而波动很大. 因此每次迭代解 p 时，引进了相当大的误差. 这些误差通过逐次迭代累积起来，往往可使迭代解法不收敛，有时是明显的发散. 在迭代计算中，如果我们将 n 次迭代所得的解 p^{n+1} 的校正范数 $\|p^{n+1} - p^n\|$，随迭代次数 n 的变化记下来，当 n 很大时，我

们希望 $\|p^{n+1} - p^n\| \to 0$. 但事实不然，能够趋近于一个较小的常数而不显著地发散已很好了. 根据这样得到的表面压力来求得物体的阻力系数 C_D，将随迭代解 p^n 的迭代次数 n 而变. （在比较理想的情况下，是用一个较小的梯度直线增加或减少）从一方面看来，这种计算解法可以很容易地凑得实验所得的 C_D 结果. 但从另一方面看来，这种计算解法是不甚可靠的. 这与第 §9-3 中讨论分部时间法的情形相似. （虽然这里没有加进人工粘性项或其他人为因素，计算误差的源与汇在 (11-7) 式中显然积累到足够的大小而形成相同的效应）. 因此，前节表 (11-1) 中所列举各解中所用的表面压力，都不是用这种办法求得的.

既然在边界上用 $\mu = 0$ 或 $\dfrac{\partial p}{\partial n} = 0$ 的条件，为何不运用无粘性流中的 Bernoulli 关系式 $\dfrac{p}{\rho} + gz + \dfrac{q^2}{2} = $ 常数 (p_0) 来求得 p 呢? 问题在于不知道常数 p_0. 在这种粘性绕流问题中，边界上各点的 p_0 值，不能取作来流边界的不变值. 任意选择 p_0 值，显然严重影响到整个的解 $p(x, y)$，这时 p_0 就是一个计算解的参数. 所以我们认为将 μ 取作零是不妥当的.

从动量方程看来，既然能计算各点的压力梯度 $\dfrac{\partial p}{\partial x_i}$，我们就可从已知压力的边界上的任一点(例如来流边界点)沿任意选择的途径，与要求压力 p 的内点相联接，然后沿此线将压力梯度积分，就可得各点的压力 $p(x, y)$. 当然一点的压力，可从不同的途径求得. 问题是在当我们用不同的途径时，所求得的该点的压力往往相差甚大. 这当然也是反应了在沿途各点求 ψ 的导数的不可靠性.

我们没有完全满意的办法来解决上述的困难. 在表 (11-1) 中所列各解，都是用前节线积分的方法，从来流积到最近的表面点. 然后沿物体表面积分到其他各点. 我们希望沿对称轴上各点的计算解比较精确些. 沿物体表面积分是希望在整个表面上的误差比较地协调些. 虽然在表 (11-1) 中列出各解的 C_D，都与实验结果很符合，但表面压力的分布相互间的比较，就没有图 11-3，11-4，11-5 中所述的好，有些地方可能与图 11-1 中旋度的比较同样的坏。

当我们用 (11-3)，(11-4) 式求解 ψ、ω 时，在物体边界上的 ω 的条件也是未知的，因而用最新的 ψ 值，从 (11-3) 式来估计 $\nabla^2\psi = -\omega$ 的边界值。我们当然也可以用最新的 ψ、ω 值从 (11-7) 式求解 $p(x,y)$，而用上次迭代的 ∇p 的物体边界值作为边界条件，逐步地将 $p(x,y)$，$\psi(x,y)$，$\omega(x,y)$ 一同改进。现在还没有做过这样的计算试验。但很明显地，这种做法大大的增加了运算量，因为我们这时将 (11-3)，(11-4) 与 (11-7) 三个方程式一同解三个未知量 ψ，ω 与 p。这样就失去了原来用 ψ-ω 格式的只要同时求解两个未知量 ψ，ω 的优越性。

实际问题常是三维的，这时连续性方程 $\mathrm{div}\,\boldsymbol{q} = 0$，$\boldsymbol{q}$ 为速度向量，就不能仅用一个流函数 ψ 来满足，而需要用一个标量势 ϕ 与一个向量势 $\boldsymbol{A}$ 来满足它，即

$$\boldsymbol{q} = -\nabla\phi + \nabla \times \boldsymbol{A} \qquad (11\text{-}8)$$

则

$$\nabla^2\phi = 0 \qquad (11\text{-}9)$$

与

$$\nabla \times (\nabla \times \boldsymbol{A}) = \nabla \times \boldsymbol{q} = \boldsymbol{\omega} \qquad (11\text{-}10)$$

从动量方程取它与 ∇ 算子的向量积而得旋度方程：

$$\frac{\partial}{\partial t}\boldsymbol{\omega} - \nabla \times (\boldsymbol{q} \times \boldsymbol{\omega}) = \nu\nabla \times (\nabla \times \boldsymbol{\omega}) \qquad (11\text{-}11)$$

假设已知 $\boldsymbol{\phi}^{(0)}$，$\boldsymbol{\omega}^{(0)}$ 的初值，则 (11-11) 式可用来改进 $\boldsymbol{\omega}$，再以 (11-10) 式来改进 $\boldsymbol{q}$（或用 Biot-Savart 定律来求得旋涡线进而计算每点的诱导速度）这样继续改进，直至获得满意的定常解答为止。然后再用动量方程式的散度式来求解 p。求解 p 时，同样地遇到与二维解相似的困难，或许要将 ϕ，ω 与 p 一同迭代解。注意当我们求解 ϕ 与 ω 时，有四个未知量，在原始的连续方程与动量方程中也只有 $\boldsymbol{q}$ 与 p 四个未知量。所以用 ϕ-ω 形式计算从表面上看来是没有什么优点，却因而引进了上述求解 p 的困难与增

加了很多的运算. 有鉴于此考虑用原始的连续方程与动量方程来直接求 u、v、w 与 p 的解. 在第 §7-2 节末，曾指出一个物理问题用不同的未知量写出的等价微分形式，在计算解中所得的差分问题，不是等价的. 而可能有很大的不同.

原始的连续方程与动量方程为

$$\text{div}\boldsymbol{q} = 0 \tag{11-12}$$

$$\frac{\partial \boldsymbol{q}}{\partial t} + (\boldsymbol{q} \cdot \nabla)\boldsymbol{q} = -\frac{1}{\rho}\nabla p + \nu\nabla^2\boldsymbol{q} \tag{11-13}$$

考虑用迭代法来解未知量 $\boldsymbol{q}$ 与 p. 从一组 $\boldsymbol{q}^{(0)}$ 与 $p^{(0)}$ 的初值开始，我们可用 (11-13) 式求得 $\frac{\partial \boldsymbol{q}}{\partial t}$，用以改进 $\boldsymbol{q}^{(0)}$ 到 $\boldsymbol{q}^{(1)}$. 即使

$$\text{div}\boldsymbol{q}^{(0)} = 0,$$

改进后的 $\boldsymbol{q}^{(1)}$ 不一定适合连续方程，而 $\text{div}\boldsymbol{q}^{(1)} = D \neq 0$. 由此我们可校正 $p^{(0)}$ 到 $p^{(1)}$ 使下次校正的 $\boldsymbol{q}^{(2)}$ 能适合连续方程. 如果不能的话则继续迭代，直到满足时为止. 关键在如何从 $\text{div}\boldsymbol{q} = D$ 的剩余值估计 $\delta p^{(0)} = p^{(1)} - p^{(0)}$，或直接求 $p^{(1)}$. 因 (11-12)，(11-13) 式中没有 $\frac{\partial p}{\partial t}$，因而 p 的改变需由"附加条件"来决定. 这就需要多次尝试或迭代，而且没有一个合理的准则可以依遵，不能保证迭代的'收敛'.

一般均采用(和 ψ-ω 形式相似)动量方程的散度式求解 $p^{(1)}$

$$\nabla^2 p = -\frac{\partial}{\partial t}(\text{div}\boldsymbol{q}) + \nu\nabla^2(\text{div}\boldsymbol{q})$$
$$+ \nabla^2(q^2/2) - \text{div}(\boldsymbol{q} \times \boldsymbol{\omega}) \tag{11-14}$$

因为我们要求最终结果满足 $\text{div}\boldsymbol{q} = 0$，如果在 (11-14) 式中，试将含有 $\text{div}\boldsymbol{q}$ 的各项丢掉. 但计算结果表明很不理想(发散得很快). 因此我们将 (11-14) 式考虑为一不定常的压力波问题求解，而令 $\text{div}\boldsymbol{q} = D$，用 $\frac{\partial D}{\partial t}$ 来代替 $\frac{\partial}{\partial t}(\text{div}\boldsymbol{q})$，或者用其它不同的松弛方法. 但迭代计算的结果仍然波动很大，而且甚难控制. 即使将每次迭代的结果光滑化、过滤等依旧难以得到令人满意的定

常解.

本节所举水动力学绕流问题的计算解的主要困难, 显然是如何解 p 或决定 p 的迭代值. 这困难是很基本的数学上的问题. 把 (11-12)、(11-13) 式看作一不定常问题求解 q 与 p 的方程组, 其中没有 $\dfrac{\partial p}{\partial t}$ 项所以这不是一个 Cauchy-Kovalevsky 的纯初值问题, 用 div$q=0$ 的辅助条件来决定 p 的适定与否不是肯定有效的. 微分问题的不适定导致差分问题求解的困难.

在实际物理现象中, 物体本身多少总具有一定的可压性. 所谓某液体的不可压缩性是指 $\dfrac{d\rho}{dp} \ll O(1)$. 可压缩体的连续性方程应为

$$\frac{1}{\rho}\frac{d\rho}{dt} + \mathrm{div}q = 0 \qquad (11\text{-}15\mathrm{a})$$

或可改写成

$$\left(\frac{1}{\rho}\frac{d\rho}{dp}\right)\frac{dp}{dt} + \mathrm{div}q = 0 \qquad (11\text{-}15\mathrm{b})$$

式中的 $\dfrac{d\rho}{dp}$ 是该正压流体的压缩系数, 所谓不可压缩流体是指 $\left(\dfrac{1}{\rho}\dfrac{d\rho}{dp}\right) \ll 1$. 将 $\left(\dfrac{1}{\rho}\dfrac{d\rho}{dp}\right)\cdot\dfrac{dp}{dt}$ 从 (11-15b) 式中略去而得 (11-12) 式的不可压缩流体的连续方程. 从数学上讲这是一个很危险的步骤, 因为所略去的一项是该方程式中的高阶微分项. 不可压缩的流体情况应该是可压缩流体情况的适当的极限情形. 如果认为 (11-12) 是准确的不可压缩流体的连续性方程, 则适当的极限解应收敛于 (11-12)、(11-13) 式的解.

与前节观点相似的一种计算解 (11-12)、(11-13) 式的方法, 就是人为可压缩流体法, 其法为将 (11-12) 式改写成

$$\varepsilon\frac{\partial p}{\partial t} + \mathrm{div}q = 0$$

ε 为一很小的参数. (11-15b) 与 (11-13) 式是一个 Cauchy-Kovalevsky 纯初值问题，用适当的差分法应该可获得计算解。然后取 $\epsilon \to 0$ 的极限。实际上用较小的 ϵ，用差分法来解 (11-13)，(11-15b) 式时结果不很理想。其主要原因是：当我们用 (11-15b) 式来改进 p（计算 $p^{n+1} - p^n$）时，$\delta p = \dfrac{\delta t \cdot D}{\epsilon}$。因而在 D 中的计算误差扩大很多倍（ϵ^{-1}）。尤其是当 ϵ 很小的时候。迭代计算中所得的 δp，因 ϵ^{-1} 而难于控制，使计算解波动很大或终于发散。其情形与用 (11-4) 式改进 p 的情形相似。(11-13) 与 (11-15) 式的微分问题的极限是否适定有待检验。

用能量法（§8-2）来检验方程组 (11-13)，(11-15) 式的齐次边界条件问题时发现：欲使此微分问题在 $\epsilon \to 0$ 的极限情形下适定，我们应在 (11-3) 式中加进一假压力梯度项

$$\frac{1}{2} (\mathrm{div}\boldsymbol{q})\boldsymbol{q} = -\left(\frac{1}{2} \epsilon \frac{\partial p}{\partial t}\right)\boldsymbol{q}.$$

这加进的一项当 $\epsilon \to 0$ 时为零。即得

$$\frac{\partial \boldsymbol{q}}{\partial t} + (\boldsymbol{q} \cdot \nabla)\boldsymbol{q} = -\frac{1}{\rho} \nabla p - \frac{1}{2} (\mathrm{div}\boldsymbol{q})\boldsymbol{q} + \nu\nabla^2\boldsymbol{q} \quad (11\text{-}16)$$

将 $\boldsymbol{q}$ 与 (11-16) 式相乘并在域 D 内积分可得下列不等式：

$$\frac{\partial}{\partial t}\int_D \left[q^2 + \frac{\epsilon p^2}{\rho}\right] dx = -\nu\int_D \sum_{i,j=1}^{3} \left(\frac{\partial u_i}{\partial x_j}\right)^2 dx \leqslant 0 \quad (11\text{-}17)$$

因此 (11-15)，(11-16) 式的齐次微分问题在任何 ϵ 值包括 $\epsilon \to 0$ 时都是适定的，而且当 $\epsilon \to 0$ 时，将收敛于 (11-12)，(11-13) 式的解。用差分计算 (11-15b) (11-16) 式的解也无问题，而且当 ϵ 很小时，所求得的解显然与要求的不可压缩流体的解无大差异，如在 (11-16) 式中没有或更改成其他的假压力梯度项，将找不到如 (11-17) 式的能量不等式，因而不能保证微分问题的适定。在相应的差分问题的计算解也将遇到困难。最使人困惑的是：即使用 (11-15b)，(11-16) 式来解非齐次的边界条件问题，也不能得到有意义的解答。很显然的在非齐次的边界条件下，欲使

$$\frac{\partial}{\partial t}\int_D \left[q^2 + \epsilon p^2/\rho\right] dx \leqslant 0$$

所需的假压梯度项应随不同的边界条件而异．如果微分问题不适定，差分解计算的困难是可以预期的．

不可压缩流体的动力学问题，表面上似乎是流体力学中较为简单的问题．事实上如上所述，它的数学性质比可压缩的气动力学问题更为复杂，它是一个极限问题．在极限情形下，所得的简化方程的计算解往往比原来未简化的方程难度大．这情形与微分解很不相同．其主要原因是：在计算解中我们所处理的都是要求的解的广泛的近似解．这近似解的函数性质可以是不连续的，因此，即使我们要求的微分解是光滑的．我们所用的差分方法必需在更广泛的函数类（包括不连续函数在内）也能适用才行．

在可压缩流体如气体动力学问题中，连续、光滑的初值可以导致不连续的（弱）解（如下章中的激波问题）．因此在差分计算法的分析中，我们早就认识弱解的存在，在水动力学的问题中，也有不连续的微分解（如不同密度的液体的接触面或自由表面，即液体与气体的接触面）．这种不连续表面的位置是未知的，一般随时间而改变，且不经过计算点，在差分解中，用表面附近各点的离散函数值来满足表面上的物理条件是很不准确的．其情形比气动力学中的激波计算更为严重．因为激波两侧的关系就是物理的守恒定律，所以守恒的差分格式可以很自然地满足激波两侧的边界条件．这在水动力学中自由表面或接触面的计算中是不存在的．因为接触面上的边界条件并不是物理方程的守恒条件．同时表面附近的网格中的质量随表面的位置而异、计算表面位置的误差将严重地反映到计算区的总质量．这与计算结果的是否能作为实际问题的近似解有很大的关系．这说明用计算方法来解水动力学问题比解气动力学问题更为困难的原因．

第十二章 粗网格计算及一种新的差分式(程心--Allen 格式)

§ 12-1 关于渐近解与近似解

如前所述,如果微分问题是适定的,线性的而且具有足够光滑的系数,那么由相应差分方程的协调性与解的稳定性就可以保证其收敛性. 这就是 Lax 等价原理(§ 6-5). 如果差分方程的计算解是收敛的,那么对于足够小的 Δx, Δt 所计算的差分方程的计算解答就可能是(在某种意义下)适当的近似解答.

所谓"协调"指的是差分问题在 Δx, Δt 趋于零的极限情形下能转化为微分问题,"稳定"指的是在有限的 Δx, Δt 网格间距时所计算的结果是一致有界限的. 所谓"收敛"指的是当 Δx, Δt 趋于零时,所计算的近似结果能任意逼近于微分问题的唯一真解. 那么,对一个实际问题, Δx, Δt 应该取多小,才能找到所要求近似解呢? 即使对于线性问题也存在着这样一个问题;对于非线性问题,就不能直接运用上述的理论. 显然原来的问题的真解是光滑的,但计算结果可能趋于不光滑,那么到了不光滑时,该怎么办呢? 对于一个复杂的问题来说,即使知道微分问题有解,常常也无法确定这个微分问题是否适定. 当一个问题不适定时,解的本身可能是无界的或不唯一的. 在这种情形下,计算的结果是那一个呢? 是否为所要求的结果? 理论上,对于这些问题难于作出明确的回答. 如果不愿意弃置这些问题于不顾而盲目地进行计算,那么我们就要求探讨一个大致的原则,以便在实际计算中有所遵循.

即使我们在理论上对于协调性和稳定性有严格的论证,并且差分计算是协调和稳定的, 也不一定能解决实际的问题. 往往问题不在于收敛,而在于无法断定 Δx, Δt 应取多大,方能满足一定大小的误差要求. 主要的问题是如何用计算的结果来近似我们所要的结果,究竟会有多少大的误差? 我们所希望的,是对于计算的结果能给出一个切合实际而又可信赖的解的近似误差. 我们要有一个科学的方法,能来估计误差的大小. 根据我们现有的计算机,如何获得最可靠的计算结果.

一般说来,Δx 并不是很好的参数和无量纲量,不能说 Δx 小于 0.01 或小于 0.001 就是好,在解 Burgers 方程时,Δx, Δt 的大小是根据 Reynolds 数 $Re_{\Delta x}$ 来确定的,$Re_{\Delta x}$ 是由 Δu, Δx 与 ν 来决定的,假定有了事后估算的结果,那么就可大致估计 $Re_{\Delta x}$ 的范围,例如 $Re_{\Delta x}$ 不应超过 1. 如果能保证 $Re_{\Delta x} \leqslant 1$,就可以认为是足够小了.

在第十章 §10-2 节事后误差计算中,我们已得到下面一些估计: 根据二阶精度的格式,要达到定常状态相当于 $\frac{\partial u}{\partial t} \to 0$ 的要求,我们可以使迭代差达到

$$|u^{n+1} - u^n| \sim O(\Delta x^4)$$

在这情形下,可以认为初值的误差对定常状态结果没有重要的影响.

最大截断误差可以这样估计

即 $e_T \leqslant 3 \times 10^{-2}(Re_{\Delta x})^2$

当 $Re_{\Delta x} \leqslant 1$, e_T 很小,当 $1 \leqslant Re_{\Delta x} < 2$, e_T 可大致为 10%. 如果 $Re_{\Delta x} = 10$, e_T 将增加非常大. 这个估计就失去实际的意义.

由于流出边界的特性,其边界上的误差 e_b 衰减很慢,对这种边界条件的处理也要小心. 但是在边界每一段上的流动是流出还是流入往往难以予知. 更要注意的是,上述结果是根据一种光滑的线性的误差分析法得到的,所以只能当误差很小时才可用,当 $Re_{\Delta x} \geqslant 2$ 时,解不再是光滑的,所以 (10-10) 式就没有意义了. 若 $Re_{\Delta x} \leqslant 2$,只要适当地处理问题,那么对定常问题的解大致上可以认为是足够精确的. 因此,在所有的计算中,我们希望都能达到相当于这样小的 $Re_{\Delta x}$. 但是在计算某些复杂问题时,计算的范围

往往太大,速度的变化也很大, 例如在激波, 间断或速度梯度非常大的情形下, $Re_{\Delta x}$ 很大, 往往可达到 20, 40 或甚至更高. 要 $Re_{\Delta x}$ 减到 20 到 10 以下是非常困难的. 也就是在实际计算中很难达到 $Re_{\Delta x} \leqslant 2$. 当 $Re_{\Delta x}$ 的值超过这个范围时, 其计算结果是否还能适用? 我们曾经计算过一个超音速尾流问题, 在不同边界条件下来处理它, 找出其相应的影响系数. 计算时 $Re_{\Delta x}$ 大约为 20, 开始用的网格比较大, 采用逐次网格加细法, 即 SMR 法 (Successive Mesh Reduction). 先采用大的网格值来计算, 初步获得一个试算的结果, 虽然比较粗糙, 但它比猜测的初值要好, 然后利用初算结果加密网格后再进行计算. 网格逐次加密, $Re_{\Delta x}$ 相应地逐次减小. 这一方法曾用来计算尾流问题和高超音速粘性前缘流动问题, 得到了相当满意的解答.

应当指出当逐次加细网格进行运算时, 在某些局部区域, 其结果可能变得更差(主要是速度梯度较大即 $Re_{\Delta x}$ 较大的地方). 虽然在有的区域局部变坏, 但总的趋势是网格加细后计算结果能更精确. 但是也有例外的情况, 当 $Re_{\Delta x}$ 变小时计算结果并不变好而出现如下的困难:

(1) 解是收敛的, 收敛结果与实验结果也比较符合. 但局部地区有跳动, 甚至网格越小, 跳动幅度越大, 从而引起过大的速度梯度, 导致局部区域过大的 $Re_{\Delta x}$.

(2) 当计算机太小时, 网格大小难以使 $Re_{\Delta x} \leqslant 2$. 同时, 我们要解的问题越来越复杂, 要求计算机容量更大、速度更快. 限于计算机的条件, 只可能按照粗网格进行计算、即 $Re_{\Delta x} > 2$, 至少 $Re_{\Delta x} \cong 10\text{---}20$.

(3) 用一阶逆风格式可以避免跳动, 给出"光滑"解. 但是波动运动的重要特征全部被抹掉了. 这是由于一次逆风格式的特点在于其中含有很大的粘性系数. 所以逆风格式只适用于非波动问题的求解, 但要考虑波动特性时就不能使用一次逆风格式.

(4) 选用 SMR 法来研究非线性模式方程的计算解, 在 $Re_{\Delta x}$ 逐渐减小时, 计算解的结果有时似乎变"好", 继而变"坏", 有时变得很"坏"而不再变"好". 所谓"好"与"坏"是对照已知的模式方程的真解而定的误差而言的. 所谓变"坏", 它可以以各种形式出现, 如跳动幅度很大或跳动区域从一处改变到另一处, 或者光滑部分的解(以及跳动解的局部平均值)与真解愈离愈远等等. 根据这些现象, 我们虽不能推得, 当 $Re_{\Delta x} \to 0$ 对, 这种计算解不可能收敛于真解. 但实际上在可达到的 $Re_{\Delta x}$ 的范围内, 我们很难找到收敛的迹象. 从理论上讲, 我们早就指出, 对于这种复杂的非线性问题的计算解, 我们不能期望 Richtmyer-Lax 的线性方程理论可以适用, 而且一个具体的实例说明了它是不适用的(微分方程 (8-38) 的解与某种能量守恒差分格式 (8-43) 的解法相互矛盾.) 所以我们说, 对这种非线性问题, 差分计算解即使是协调与稳定, 也不一定收敛, 即使收敛也可能不是一致的.

对许多复杂问题来说, 用 SMR 法所得到的一组计算解, 可能是一组近似解, 不一定是一组渐近的收敛解. 当 $Re_{\Delta x}$ 逐渐减小时, 近似解可能终于发散. 然而, 如果 $Re_{\Delta x}$ 取在适当的范围内, 那么所得到的近似解的误差的范数也可能是足够小的, 尽管它是不光滑的. 如果 $Re_{\Delta x}$ 小得超出了这个范围, 那么其误差范数就逐渐增大. 这种情形与函数的近似级数展开是相似的. 这级数尽管是发散的, 但取适当数目的有限项的"部分和"却是该函数的一个很好的近似值. 我们常用这种发散级数来估计函数值, 即使有一致收敛级数可代表该函数, 我们常常弃而不用, 这是考虑到所需的计算太繁杂, 所需的项太多了. 用 SMR 迭代所得的近似解相当于用近似级数的部分和. 我们希望迭代适当的次数, 就能取得最佳的近似解, 同时希望能估计这一最佳近似解的误差范数. 从差分问题的设置与迭代的方法, 来控制所得到的最佳近似解的误差范数以达到实际工作上的要求.

为了阐述上述的论点, 首先用一些模式分析来举例说明差分方程的解, 的确有上述的近似性 (§12-2). 这些分析的结果也指出了一些方向: 用大网格来计算求解复杂的实际问题的误差应从何而得控制. 在 §12-3 中, 介绍一种新的专为大网格计算而设计的格式. 这种新格式可以用较小的计算机,较少的存贮量来处理相当复杂的流体力学问题,得到一些结果,这些结果与实验结果比较是相当满意的. 从近似解的角度来看,这种新格式在实际工作上是有用的. 有关改进专为大网格计算的差分格式与计算的手段,我们在附录(18)中略为申述.

§12-2　粗细网格对误差的影响(误差曲线分析)

前节中的讨论,说明当 $Re_{\Delta x}$ 大了因而计算解不光滑时,不能用 $3 \times 10^{-2}(Re_{\Delta x})^2$ 来估算结果的误差,而在解实际问题时往往又难以达到足够小的 $Re_{\Delta x}$,即使用逐步加细网格法也存在许多困难. 在本节中,用另一方法来处理误差分析,先寻找差分方程的真正误差,目标在于找出差分方程的解与微分方程解之间的差异,而不是去找与差分方程协调的微分方程中小扰动的误差.我们知道,计算中所产生的误差主要包括二部分: 一部分是由于计算本身所带来的误差(如舍入误差及迭代误差),另一部分是由于微分方程解之间在有限的 Δx, Δt 情形下所产生的误差.前一部分的误差是可以控制的,后一部分误差不是由一般的截断误差所能表示出的,在实际计算所能达到的有限的 Δx, Δt 下,微分方程的解与相应的差分方程的解可能有很大的不同.为研究这个问题,我们以 Burgers 方程

$$\frac{\partial u}{\partial t} + u \frac{\partial u}{\partial x} = \frac{1}{Re} \frac{\partial^2 u}{\partial x^2} \tag{12-1}$$

作为一个模式,如果把非线性项写成散度形式 $\partial \left(\frac{u^2}{2}\right)/\partial x$,并以下列差分格式

$$\frac{\partial}{\partial x} \left(\frac{u^2}{2}\right) = \frac{2}{2+r} U_j \frac{U_{j+1} - U_{j-1}}{2\Delta x} + \frac{r}{2+r} \frac{(U_{j+1})^2 - (U_{j-1})^2}{4\Delta x}$$

$$\tag{12-2}$$

代入微分方程式中得出相应差分方程. 其中系数 r 是在散度形式与对流形式之间作平均的一个权. 然后找出差分方程的一个解. Burgers 微分方程的解是知道的. 这样,就能知道差分解与微分解

的差. 在这个基础上，就能研究差分方程的解与微分方程的解当
$Re_{\Delta x}$ 改变时误差 e_{max} 变化的情形. 假如知道这种变化，就能对照
在复杂的计算域内不同区域的计算结果是否与模式研究中在该局
部 $Re_{\Delta x}$ 下计算的结果相似，果真如此，以 Burgers 方程的模式来研
究差分方程解与微分方程解之间差异的结果，就对计算求解这类
复杂问题提出了适当有用的启示.

在求解模式 (12-1) 差分问题时，不再作计算结果是光滑的假
定，也不作误差是很小的假定. $Re_{\Delta x}$ 是一个参变数，非但不趋于
零而是取作各不同的大于 1 的值.

我们先计算一个边界条件已给定的问题，其边界条件为

$$\begin{cases} u(0) = 0 \\ u(-1) = -1 \end{cases}$$

这里由于问题具有对称性，故只研究由 0 到 -1 半区间内的情况，
微分方程 (12-1) 的定常解为

$$u = \alpha \tanh\left(\frac{\alpha Re x}{2}\right)$$

式中 $\alpha \tanh \dfrac{\alpha Re}{2} = 1$. 此精确的定常解示于图 12-1 中. 为了求差

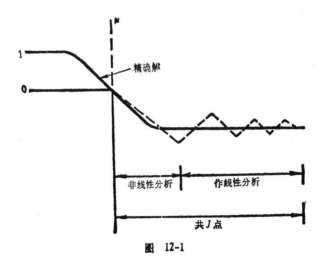

图 12-1

分解，将 Burgers 方程分为两部分分析，靠近下游解比较稳定的区域作线性化分析，在解变化剧烈的区域作非线性分析，然后将两个解答在适当的点上联接起来． 这时非线性段的 Burger 微分式为 (12-1) 式，其中非线性项的差分式为 (12-2) 式，线性段用 $U = -1$ 来线性近似，于是 Burgers 微分方程式在这一段内将为

$$\frac{\partial u}{\partial t} - \frac{\partial u}{\partial x} = \frac{1}{Re}\frac{\partial^2 u}{\partial x^2} \qquad (12\text{-}3)$$

这时边界条件对线性部分在下游是已知的，而在上游应和非线性段的"接合"边界上的值一致，对非线性段，上游已知，下游应有与线性段一致的条件． 这样，就可以由相应差分式求解了． 求出的解见图 12-1 上虚线所示． 从分析的结果我们可以得到最大误差 e_{max} 与 $Re_{\Delta x}$ 的变化见图 12-2． 我们还用了不同的差分式（与式 (12-1) 协调的）在许多 $Re_{\Delta x}$ 值时所作具体的计算表明分析的结果是正确的． 由分析的结果容易看到，只要点数 $J \geqslant 10$，图 12-2 中的结果几乎不变，即误差几乎不随点数 J 而改变，误差主要是 $Re_{\Delta x}$ 的函数，

即 $e(Re_{\Delta x}J) \cong e(Re_{\Delta x})$ \qquad (12-4)

此地 $Re_{\Delta x} = Re/J$，在固定的计算域中，是随所用点数 J 的增加而减少的．

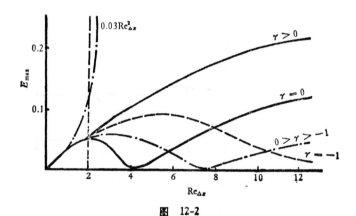

图　12-2

图 12-2 表明，最大误差 e_{max} 和 (12-2) 式中 r 值的选取有很大关系，r 值选取得不同．误差和 $Re_{\Delta x}$ 的关系很不相同．若 $r > 0$，则随着 $Re_{\Delta x}$ 的增大，误差 e_{max} 也不断增大，不过这时它不象线性结果 (10-10) 式那样趋于无穷大，而是到了一定程度之后，慢慢地渐近于某一值，这就是非线性的特点．在图 12-2 中，对于不同的 r 值给出其相应的误差曲线 e_{max}．当 $Re_{\Delta x} \to 0$ 时，取任意 r 值时误差曲线都趋向于零，这就是说这许多差分问题 (12-2) 式的解都收敛到非线性微分方程 (12-1) 真解的．在 $Re_{\Delta x}$ 足够小的时候（$Re_{\Delta x} \leqslant 1$），线性误差分析的结果 (10-10) 式也很准确，但当 $Re_{\Delta x}$ 更加大时，照线化方程的结果 (10-10) 式，应该一直上去，但现在不是，当 $r = 0$ 时，大约在 $Re_{\Delta x} = 2$ 左右，误差曲线 e_{max} 取极大（局部）值，然后递减，大约到了 $Re_{\Delta x} = 4$ 时，几乎递减到零，误差曲线取得极小（局部）值，然后再上去．当 $r = -1$ 时，e_{max} 增加到最大值以后，随 $Re_{\Delta x} \to \infty$ 而趋于零．当 $-1 < r < 0$ 时，其相应的 e_{max} 曲线见图 12-2．这时最小误差出现在 $Re_{\Delta x} \cong 4$ 与 ∞ 之间．$r < 0$ 的情形给了我们很大启发．以前我们在选择权 r 时，总是取非负的权．通过这里的分析，发现选用负的权将有很大的优点，因为这时在 $Re_{\Delta x}$ 很大的情形下，只要适当选用 r 值，也能得到很高的精度．例如，当 $Re_{\Delta x} = 4$ 时我们用 $r = 0$；当 $Re_{\Delta x} = 8$ 时我们可用 $r = -0.5$；当 $Re_{\Delta x} = 20$ 时我们用 $r \approx -1$ 等等．因此，即使用大网格，只要 r 值选配适当，也能达到与小网格同样精度的计算结果．

不同的 r 有不同的结果，因为不同的 r 相当于不同的差分格式，我们将不同的差分格式用 Taylor 级数展开，对照截断误差的主值，就可以确定不同差分格式大致相应的 r 值．$r = -1$ 时就相当于一阶守恒差分格式．不同的差分格式截断误差不同．截断误差相差不必太大就可能在计算上造成很大影响．于是，在一定的 $Re_{\Delta x}$ 值之下可以得出不同的误差值 $Re_{\Delta x}$，在同样的 r 值之下，对于不同的 $Re_{\Delta x}$ 值所得到的 e_{max} 也不相同．由图 12-2 还可以看到，对于不同的 r 负值，就有相应的误差最小的最佳 $Re_{\Delta x}$ 值，我们用 $Re_{\Delta x}$

来表达这个特殊的临界值. 这给我们提供了不同 r 相应最佳的 $Re_{\Delta x}$ 范围,在这个范围内进行计算就能得到精确的结果. 这一点很重要,它说明用粗网格来计算实际问题是有希望的,这对实际计算是非常有价值的.

但是,上述结果是在边界条件已给定 ($u(0) = 0$, $u(-1) = -1$) 的情形下得到的. 实际上,下游边值往往是未知的,它一经被固定,复杂问题的计算往往会发生不稳定的现象. 在这种复杂的问题中,下游边界往往需要用外插条件计算. 所以,我们分析式 (12-2) 用外插条件进行计算的情形. 外插条件取为 $\dfrac{\partial u}{\partial x} = 0$,这时如果和以前一样,仍取 0 到 -1 的半域范围,容易见到 Burger 微分方程只有 $u \equiv 0$ 的一个解,这显然不是我们要求的. 所以我们改从上游算起,取域为 $+1$ 到 -1 来进行分析,这时如果把跳跃面的位置固定,微分问题就适定了(否则微分问题可有 $u = 0$ 与在任何内点从 1 跳到 -1 的许多个解.)差分方程组 (12-2) 与下游外插边界条件是上述适定的微分问题的离散形式,我们可用解前例的方法来分析求解,在根号前全取负号. 我们发现它的解还不是

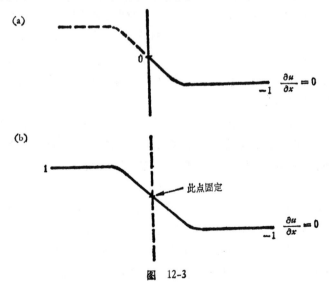

图 12-3

唯一的. 当 $\text{Re}_{\Delta x} > \alpha + r$ 时解的下游的渐近值可以是零、－1 或者是 $-\dfrac{1}{2}$ 及其附近的一些中间值. 这些解都可以从实际计算中获得,完全取决于初值的选择. 如果下游的初值小于 －1,则计算解的下游值一般就趋近于 －1. 我们用 Picard 迭代法求解非线性方程,用不同的初值而获得不同的解是可以理解的. 下面我们只讨论下游渐近值为 －1 的差分解.

考虑 $-1 < r \leqslant 0$ 的各差分格式,因为 $r > 0$ 时,$e_{\max}$ 值随 $\text{Re}_{\Delta x}$ 增加而增加,不适于采用粗网格计算. 而当 $r < 0$ 时情况就有这可能,图 12-4 中示出 n 条 $r \leqslant 0$ 的误差曲线,由图可见,在 $\text{Re}_{\Delta x}$ 较大时,比如 $\text{Re}_{\Delta x} = 8, 10, 20$ 时,各存在着一个与某一 r 值相对应的 $\text{Re}_{\Delta x}$ 在其附近有小的 $e_{\max}$ 的 $\text{Re}_{\Delta x}$ 范围(凹陷宽度),与图 12-2 相似,在这一范围中,$e_{\max}$ 可以接近最小值. 但当 $\text{Re}_{\Delta x}$ 很小时,情形就与图 12-2 大不相同了,曲线急剧上升,$e_{\max}$ 可达 0.3, 0.4 或 0.5. 如果取 $\text{Re}_{\Delta x} \leqslant 2 + r$ 作分析、即知解是光滑的,但其下游的渐近值为 $-1 - \dfrac{1}{2}\text{Re}_{\Delta x}\cdots\cdots$ 比真解的下游值 －1 为小. 此误差存在于整个下游流场中. 虽说在 $\text{Re}_{\Delta x} \to 0$ 时,此误差解最终趋于零,但这种收敛显然无助于我们用不太小的 $\text{Re}_{\Delta x}$ 来计算求出适当的近似解的目的. 所以若取 $r < 0, \text{Re}_{\Delta x}$ 小时,误差

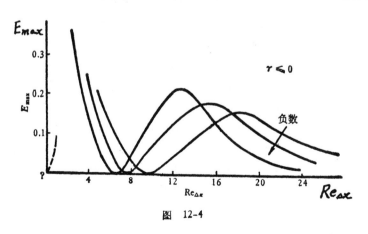

图 12-4

反而大这一特性使我们不能利用太小网格来进行计算．好在实际应用中我们希望用粗网格（$Re_{\Delta x}$ 较大）计算来求适当的近似解，而且在用较大的 $Re_{\Delta x}$ 计算时，e_{max} 在 $Re_{\Delta x}$ 的某一范围内是较小的．这样，我们就不必去管 $Re_{\Delta x}$ 小时收敛与否及误差大小等．只要在我们计算的 $Re_{\Delta x}$ 范围内能使得 e_{max} 足够小以符合实际问题的需要就可以． 此一点对 $r < 0$ 条件下上述 (12-1) 模式方程的计算是完全可以做到的，因为分析的结果已预定了 $Re_{\Delta x}$ 的值． 于是，我们就得出这样的结论，即在下游作外插的情形下，只要适当地选取 r 值，用粗网格进行计算是可以得到相当准确的渐近解的．

前面所讨论的都是一维的 Burgers 方程，Burgers 方程实际上是动量方程，实际问题的描述（如气动问题等）还要加上连续性条件，因此我们曾用同样的方法分析一维的气动力学方程的计算．分析的结果表明，如不加连续条件对上述结果无大影响，所不同的只是最佳 $Re_{\Delta x}$ 的范围和位置有所不同而已． 如果我们希望上述理论能应用到实际问题上去，我们还必须研究其结果能否用到二维的 Navier-Stokes 方程上． 这时，由于问题太复杂，难于用理论分析的方法作出回答，只能用计算的方法来校验．我们对在均匀超音速流中一斜激波的流动问题进行计算，用二维的 Navier-Stokes 方程研究了 e_{max} 与 $Re_{\Delta x}$ 的关系． 这一问题的真解是已知的，将计算结果与真解进行比较，其趋势与前面所述结果是一致的．这说明，我们有可能用适当大的 $Re_{\Delta x}$ 来计算 Navier-Stokes 方程而获得相当好的近似解答，关键是要找到一个适当的差分格式，并确定这一差分式在什么样的 $Re_{\Delta x}$ 范围内为最佳，即使得 e_{max} 为最小．

我们希望，在所选的 r 值，即所选择的差分格式下，有用的 $Re_{\Delta x}$ 的范围能相当大，因为实际计算的问题往往比较复杂也可能有几个梯度很大的区域，因而 Δu 与 $Re_{\Delta x}$ 变化的范围很大，如果没有一个对网格大小适应性较强的差分算式，那就有可能在整个流场的计算解中，在某些梯度区域、波动与误差都很小．但在其他的大梯度区，就难免有太大的波动误差． 最好我们能找到一种差分式，其 r 值能随着局部区域的 $Re_{\Delta x}$ 适当的改变，那么我们就有可能在流场各处都得到比较精确的解答，将误差控制在一定的范围内．下节中我们将介绍一种新的格式，它相当于某种 r 的变化，以说明上述设想是可能达到的．

§12-3　程心—-Allen 改进式——一种适用于
大网格计算的新格式

以前程心—-Allen 曾用一种算式来计算 Burgers 方程，我们称这种算式为原始程心—-Allen 算式（§9-4），其格式应用于线化的 Burgers 方程为

$$\hat{U}_j^n = U_j^n - \frac{r}{2}(U_{j+1}^n - U_{j-1}^n) + \Theta(U_{j+1}^n - 2\hat{U}_j^n + U_{j-1}^n)$$

（预估式）

$$U_j^{n+1} = U_j^n - \frac{r}{2}(\hat{U}_{j+1}^n - \hat{U}_{j-1}^n) + (\hat{U}_{j+1}^n - 2U_j^{n+1} + \hat{U}_{j-1}^n)\Theta$$

（校正式）　(12-5)

其中 $r = c\dfrac{\Delta t}{\Delta x}$，$\Theta = \nu\dfrac{\Delta t}{\Delta x^2} = \dfrac{1}{\mathrm{Re}}\dfrac{\Delta t}{\Delta x^2}$，上式第一式中 $\hat{U}_j^n$ 为预估值；第二式是校正式，U_j^{n+1} 为校正值．这一算式在 $r \leqslant 1$ 时，对于所有的 Re（或 Θ）都是稳定的．在这一格式的基础上，作下列的改进，以适应大网格的计算，这种渐的改进算式的格式应用于线化 Burgers 方程时应为

在网格点 i（选取网格点 j 与 $j+1$ 的中点为点 i）上定义预估值 $\hat{U}_i^n$．在网格点 i 上定义校正值（或最后值）U_j^{n+1}，即

$$U_i^n = U_i^n - r(U_{j+1}^n - U_j^n) + 4\Theta(U_{j+1} - 2U_j^n + U_j^n)　(\text{预估式})$$

$$U_j^{n+} = U_j^n - r(\hat{U}_i^n - \hat{U}_{i-1}^n) + 4\Theta(\hat{U}_i^n - 2U_j^{n+1} + \hat{U}_{i-1}^n)$$

（校正式）　(12-6)

其中 $U_i^n = (U_j^n + U_{j+1}^n)/2$，点的位置如图（12-5）所示．　格式

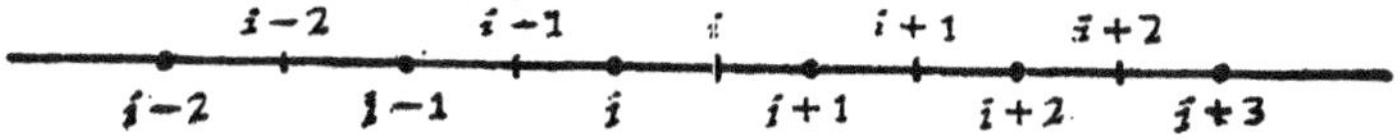

图　12-5

(12-6) 的误差 $e_\pi = O(\Delta t, \Delta x^2)$.

　　对于原始的程心——Allen 算式, (12-5) 式中的预估式和校正式都是定义在网格点 i 的集合上而新格式 (12-6) 式中的 $\hat{U}_i$ 是定义在网格点 i (点 j 的中点) 的集合上, U_j^{n+1} 是定义在网格点 j 的集合上. 作此改进的基本推导见附录 (18), 原则上, 预估值不一定要取在校正值的中点, 也不一定等权. 尽可如 Runge-Kutta 方法那样选择预估点的位置与权以改进这种方式的协调性与精度. 采用最简单的 (12-6) 式分析起来更方便些, 而结果似乎是同样的有效. 原始的程心——Allen 算式在定常问题中是协调的. 改进的算式 (12-6) 式在计算定常解时还存在协调的问题, 这一点涉及作者对于计算结果的一些基本观点. 在附录 (17) 中将另外讨论, 我们认为 (12-6) 式这一点是不重要的, 现有必要用更复杂的校正式, 从分析的结果, 我们知道 (12-6) 式在 $r \leqslant \dfrac{1}{\sqrt{2}}$ 时, 对于所有

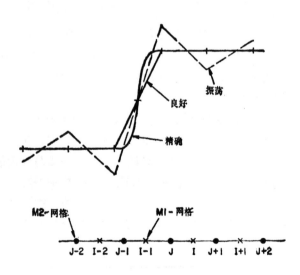

图　12-6

的 $Re_{\Delta x}$（或 $\mathfrak{S}$）都是稳定的．特别要指出的是，即使 $r > \dfrac{1}{\sqrt{2}}$，只要 $\mathfrak{S} \ll 1$ 且 $Re_{\Delta x} < 2(1 + \Delta r^2)/r(2r^2 + 1)$，则改进算式亦稳定．实际计算表明，这时收敛情况好，收敛约快 10 倍左右，在实际计算中，我们都用 $r > \dfrac{1}{\sqrt{2}}$．

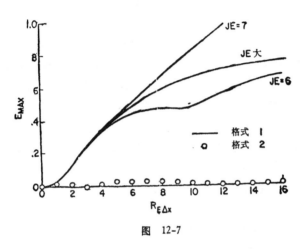

图　12-7

下面分析用两种算法进行计算所得到的结果．

对于线性的结果示于图 12-6 中，在图中附有精确解以及用粗网格计算所得到的最佳结果．在图 12-7 中给出用格式 (12-5) 和格式 (12-6) 计算时，误差 e_{max} 随 $Re_{\Delta x}$ 变化的曲线（因为精确解是知道的，可以估计出其 e_{max}）．图 12-7 中的三条实线是用格式 (12-5) 计算的结果，根据点数 J 的不同，其误差也不同，图上所示 6 点和 7 点的情形，在点子增多至 10 点—20 点以上时，误差曲线就稳定在中间的那条曲线上．圆点是表示用格式 (12-6) 计算的结果．

分析上述结果可以发现，格式 (12-6) 能使误差大为减小，尤其是对于大的 $Re_{\Delta x}$ 值更为如此．在一定的 $Re_{\Delta x}$ 范围内（与 r 有关）用格式 (12-6) 计算时，U 值有小的跳动，但在 $Re_{\Delta x}$ 足够大或足够小时,解是光滑的.

对于非线性的 Burgers 方程

$$\frac{\partial u}{\partial t} + \frac{\partial}{\partial x}\left(\frac{u^2}{2}\right) = \frac{1}{Re}\frac{\partial^2 u}{\partial x^2}$$

用格式 (12-5) 与格式 (12-6) 所计算的结果示于图 12-8 中,非线性项是用散度形式 (12-2) 中 $r = 0$ 来处理的. 由图可见,在大 $Re_{\Delta x}$ ($Re_{\Delta x} > 3$) 时,格式 (12-6) 比格式 (12-5) 好,误差小. 但在 $Re_{\Delta x}$ 小时,则格式 (12-5) 比格式 (12-6) 好. 用格式 (12-6) 作计算时,对于所有的 $Re_{\Delta x}$,其误差 E_{max} 均不超过大约 10%.

图 12-9 表示在不同的 $Re_{\Delta x}$ 值下,对于非线性 Burgers 方程用格式 (12-6) 计算的流速值. 由图可见. 当 $Re_{\Delta x}$ 很小时,没有跳动,到 $Re_{\Delta x} = 7$ 时,虽有跳动但幅度不大,当 $Re_{\Delta x} = 9$—29 时,只跳动一、二格就消去了. 用格式 (12-6) 时,收敛速度非常快、误差对其它区域的影响较小. 所以,用格式 (12-6) 计算线性和非线性的 Burgers 方程,其结果是相当令人满意的.

用这种改进算法的格式 (12-6) 来解其它方程式时,上述的优点还能否保持? Burgers 方程是一维的,而且 Burgers 方程没考虑到压力与连续性等条件,所以需要作进一步的分析. 为此,我们用格式 (12-5) 和格式 (12-6) 计算了一些多维 Navier-Stokes 方程的问

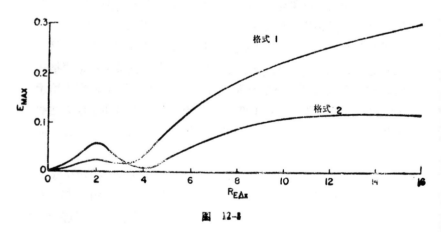

图 12-8

题.

第一个算例是一个均匀超音速流在平面斜激波作用下的偏转流动,如图 12-10 所示,上游边界条件是均匀流,下游边界条件为外插值. 其余边界条件在图中已予以说明. 用格式 (12-5) 对这一问题所作的计算结果表明. 用较小 $Re_{\Delta x}$ 计算的 U 的跳动尚小,但在较大的 $Re_{\Delta x}$ 时,U 的跳动就相当的大.用格式(12-6)计算时,其结果较好,只是在 $Re_{\Delta x}$ 较大 ($Re_{\Delta x} = 20$—100) 时,有小的跳动,但也衰减得很快,收敛得也快,见图 12-11. 为用 (12-6) 式计算所得压力 p 在流场 (x, y) 中的变化.上图无波动且 Reynolds 数较小,下图稍有波动,这时 Reynolds 数很大.

第二个算例是激波和在均匀超音速流场中发展的层流边界层的相互干扰. 见图 12-12,在上层是反射波,稀疏波,压缩波等波

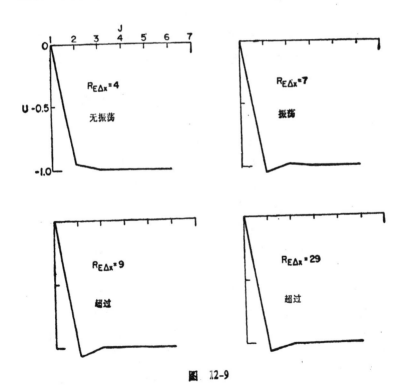

图 12-9

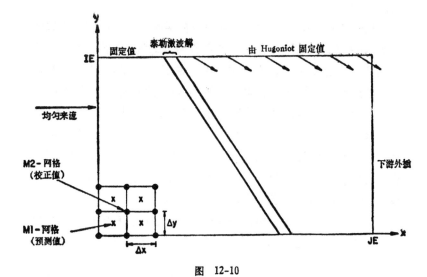

图　12-10

动问题,在近壁处是复杂的抛物型问题,还可能有椭圆型的分离区问题. 对这一复杂问题作理论分析是困难的,只能通过数值计算的结果进行分析.

这一问题 Hakkinen 等人曾做过试验,对壁面压力、壁面剪应力、速度分布以及分离点位置等都进行过测量其结果示于图 12-13 至 12-16. 由于当时测量手段的限制,测量的结果不可能十分准确. 另外,不少人对这一问题用不同的格式进行过计算,如用逆风格式,MacCormack 用他自己的方法也算过壁面上的压力. 但是,所有这些计算,其结果误差都较大.

我们在计算这一问题时,最初用的是 (12-5) 格式从 较大的 $Re_{\Delta x}$ 开始,逐步减小 $Re_{\Delta x}$. 在计算中发现,加细网格的大小,并不能很快地减小波动的强度,有时反而增加,而且在逐次加细时,有时这一区域有跳动,有时那一区域有跳动. 其原因似与上节中已论述的情形相似. 这种 S_MR 法的主要困难,是如何决定用多小的 $Re_{\Delta x}$ 作计算 (用多小的网格),才可得出适当的或是最佳的近似解. 有人建议先从大网格着手逐步改进到细网格的计算,然后逐步过滤改进各大网格计算的结果,再逐步分细网格来改进各细

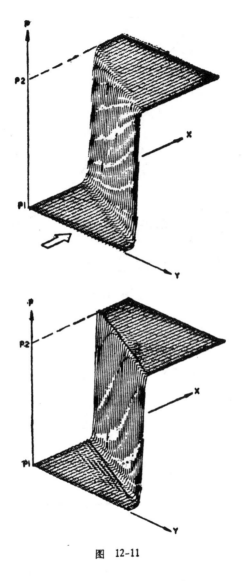

图　12-11

网格计算的结果，如是反复进行以期得到良好的结果．这种多重
网格方法在简单的模式问题时可证明其收敛．在实际应用中计算

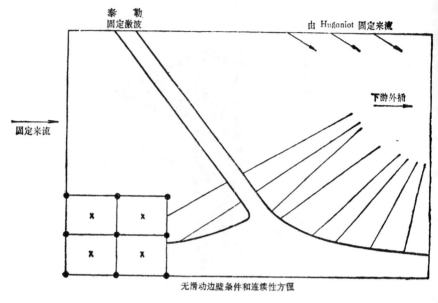

图 12-12

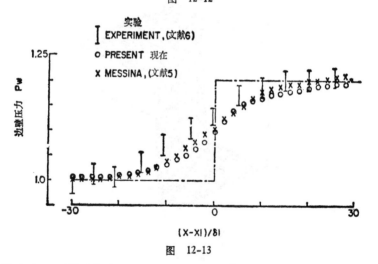

图 12-13

量太大，而其效果却不显著，这尤以"适定"的很复杂的实际差分问题为然。我们采用另一办法；根据前节从波动相位的线性分析与其他波动特征的非线性分析来研究这些变化与 $Rc_{\Delta x}$ 的

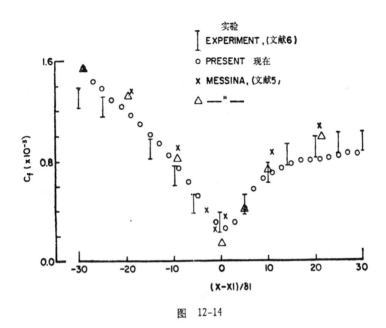

实验
EXPERIMENT, (文献6)
○ PRESENT 现在
× MESSINA, (文献5)
△ —— " ——

图 12-14

关系，并在此基础上定出了这些适当的或是最佳的近似解的计算所应用的 $Re_{\Delta x}$ 的范围。根据这规律，我们先用格式 (12-5) 再用格式 (12-6) 分别计算了上述复杂问题，其结果示于图 12-13 至图 12-15。

图 12-13 显示沿壁面各点的压力值。图 12-14 显示沿壁面各点的表面摩擦系数。图 12-5 显示流速分布的情况。由图可见，计算结果和 Hakkinen 等人的试验结果是相当吻合的。以上是无分离现象的情况。在用格式 (12-5) 计算时，通常我们使用 3000—4000 个计算点，最大曾用到 8000—12000 个计算点。

在计算有分离现象时，若仍用格式 (12-5)，计算点多达一万二千个点也不能满足我们既定条件的要求，而用格式 (12-6) 采用大网格时，不但很容易地将无分离现象时的结果算出来 (见图 12-13，12-14，12-15)，同时用三千到四千个点就算出了有分离现象时的流动情况。图 12-16 显示用格式 (12-6) 算得的有分离现象时的壁面压力及表面摩擦系数的结果。由图可知，分离点与再附

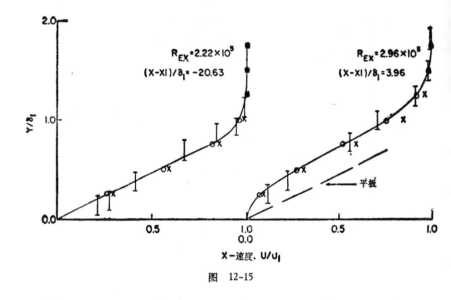

图 12-15

点和 Hakkinen 等的试验结果符合得相当好．图 12-17 显示有分离现象时的速度分布情况．左面是分离点前未受干扰区一点断面的流速分布情况，右面是分离后的情况． 图 12-18 是全流场的流动情况．

我们在计算中所使用的机器及花费的时间已 列于 表 (17-1)中． 由表可见使用格式 (12-6) 时网格取得大，计算时间比格式 (12-5) 要少得多．

第三个算例是激波与在均匀超音速流场发展的紊流边界层的相互干扰． 我们使用"交换系数"作紊流模式，没有加任何人工粘性项或采用任何人工光滑措施．图 12-19 是由计算得到的表面压力情况，实线是我们计算的结果，方块和圆点是其他人的计算结果(有的用了人工光滑措施)．垂直杆线是 Levi 的实验结果． 图 12-21 中描出了我们用 12-6 式计算得到的整个流场情形，边界层

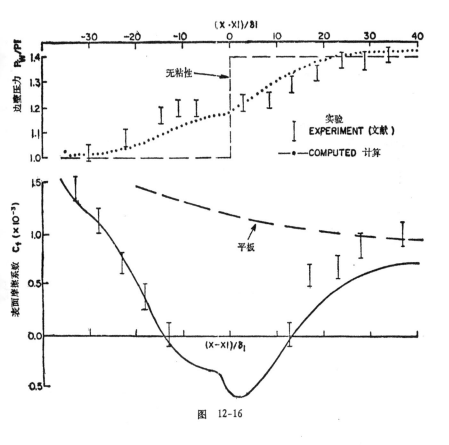

图 12-16

的分流区域是很小的．一般地,计算与实验结果都相当符合.

第四个算例是与第三例相似的,不过边界层的 Reynolds 数较高,而激波的强度也更大,因而造成了很大的边界层分离区,见图 12-21,图 12-22 显示由计算得到的流动情况．边界层的分离是明显的．应注意的是如图 12-21 所显示的非常复杂的流场包括激波与激波的干扰．在极端的梯度下产生激波,用 12-6 式都可以大致算出来.

在表（17-2）中列出我们同其他人算此题时所用的机器和计

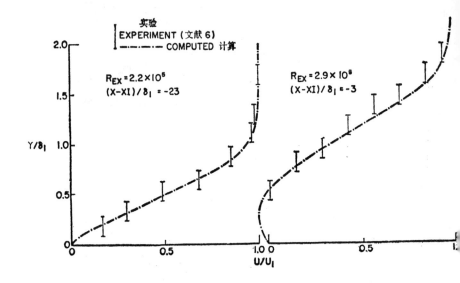

图 12-17

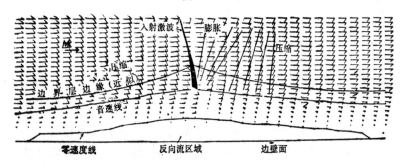

图 12-18

算时间. 不难看出, 用格式 (12-6) 计算时, 在机器当量和计算时间方面都优于目前所用的其它算法.

综上所述, 我们认为用粗网格形式来计算的差分方法确实为实际问题提供了一种有用的新概念, 这样可以用较小的机器算较大, 较复杂的题目. 要注意的是(12-6)是一个简单可用的格式, 但

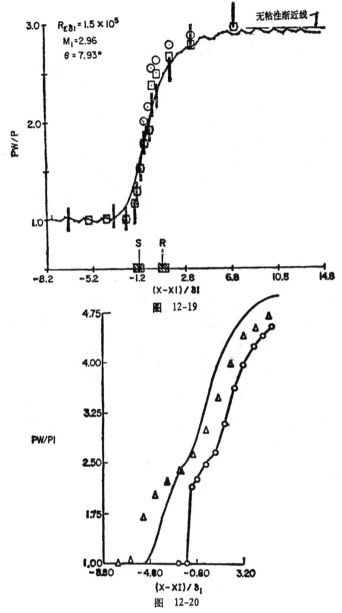

图 12-19

图 12-20

并不总是有效的,必要时还得改进,在前节及附录(18)中我们略述了一些如何改进的原则. 本章的目的是说明实际上所遇到的许多

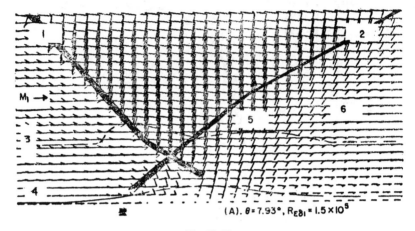

(A). $\theta = 7.93°$, $R_{E\delta_1} = 1.5 \times 10^5$

图 12-21

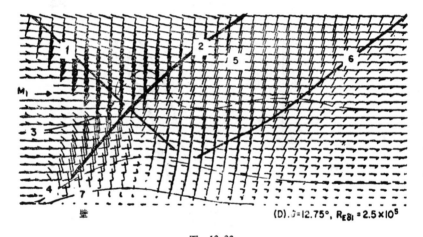

(D). $\theta = 12.75°$, $R_{E\delta_1} = 2.5 \times 10^5$

图 12-22

复杂的差分问题的渐近性,不应盲目地作细网格计算,无休止地要求更大更快的计算机。 我们举实例指出,如果适当地选择差分格式,即使用较小的计算机作粗网格计算来解较为复杂的实际问题也有可能获得有用的较为精确的解答, 如何选择并改进可用作大网格计算的差分格式与如何决定适当的 $Re_{\Delta x}$ 范围以获得有适当精度的最佳近似解,正是重要的研究课题。

附　录

(1) 公式 (2-1) 的证明． 设矩阵 A 可逆，且 $\|\delta A\| < \dfrac{1}{\|A^{-1}\|}$

则

$$\frac{\|\delta X\|}{\|X\|} \leqslant \frac{\mu}{1 - \mu \dfrac{\|\delta A\|}{\|A\|}} \left(\frac{\|\delta f\|}{\|f\|} + \frac{\|\delta A\|}{\|A\|} \right).$$

其中 $\mu = \mu(A) = \|A^{-1}\|\|A\|$，$\delta A$，$\delta f$，$\delta X$ 分别为 A, f, X 的误差．

证：因为 $AX = f$

$$(A + \delta A)(X + \delta X) = f + \delta f$$

所以 $\quad AX + A\delta X + \delta AX + \delta A\delta X = f + \delta f$

$$A\delta X + \delta A\delta X = \delta f - \delta AX$$

$$\delta X + A^{-1}\delta A\delta X = A^{-1}\delta f - A^{-1}\delta AX$$

$$(I + A^{-1}\delta A)\delta X = A^{-1}\delta f - A^{-1}\delta AX$$

$$\delta X = (I + A^{-1}\delta A)^{-1}(A^{-1}\delta f - A^{-1}\delta AX)$$

注意到 $\quad \|AB\| \leqslant \|A\|\|B\|$

所以 $\quad \|\delta X\| \leqslant \|(I + A^{-1}\delta A)^{-1}\|\|A^{-1}\delta f - A^{-1}\delta AX\|$

$$\leqslant \|(I + A^{-1}\delta A)^{-1}\|(\|A^{-1}\|\|\delta f\|$$

$$+ \|A^{-1}\|\|\delta A\|\|X\|)$$

因为 $\|I\| = 1$，当 $\|S\| < 1$ 时

$$\|(I + S)^{-1}\| \leqslant \frac{1}{1 - \|S\|}$$

而此处

$$\|A^{-1}\delta A\| \leqslant \|A^{-1}\|\|\delta A\| < 1$$

所以 $\|(I + A^{-1}\delta A)^{-1}\| \leqslant \dfrac{1}{1 - \|A^{-1}\|\|\delta A\|}$

$$\|\delta X\| \leqslant \frac{\|A^{-1}\|}{1 - \mu \dfrac{\|\delta A\|}{\|A\|}} \left(\|\delta f\| + \|\delta A\|\|X\|\right)$$

又因为 $AX = f$

所以 $\|f\| \leqslant \|A\|\|X\|$

$$\frac{1}{\|X\|} \leqslant \frac{\|A\|}{\|f\|}$$

于是 $\dfrac{\|\delta X\|}{\|X\|} \leqslant \dfrac{\|A^{-1}\|}{1 - \mu \dfrac{\|\delta A\|}{\|A\|}} \left(\dfrac{\|\delta f\|}{\|X\|} + \dfrac{\|\delta A\|\|X\|}{\|X\|}\right)$

$$\leqslant \frac{\|A^{-1}\|\|A\|}{1 - \mu \dfrac{\|\delta A\|}{\|A\|}} \left(\frac{\|\delta f\|}{\|f\|} + \frac{\|\delta A\|}{\|A\|}\right)$$

$$= \frac{\mu}{1 - \mu \dfrac{\|\delta A\|}{\|A\|}} \left(\frac{\|\delta f\|}{\|f\|} + \frac{\|\delta A\|}{\|A\|}\right)$$

(2) 公式 (2-19)

$$|e_\nu| = |\bar{a} - X^{(\nu)}| \leqslant \frac{\delta}{1 - \lambda} + \lambda^\nu \rho_0$$

的证明:

设计算 $G(x^{(\nu)})$ 时没有误差,并令 $|G'(\bar{a})| = \lambda$,则

$$|\bar{a} - X^{(\nu)}| = |G(\bar{a}) - G(X^{(\nu-1)})|$$
$$\approx |G'(\bar{a})(\bar{a} - X^{(\nu-1)})|$$
$$\lesssim |G'(\bar{a})||X^{(\nu-1)} - \bar{a}|$$
$$= \lambda|\bar{a} - X^{(\nu-1)}|$$

由递推可知

$$|\bar{a} - X^{(\nu)}| \leqslant \lambda^\nu|\bar{a} - X^{(0)}| \leqslant \lambda^\nu \rho_0$$

若计算 $G(X^{(\nu)})$ 中含有误差 δ_ν,且 $|\delta_\nu| < \delta$,这一部分总的误差不会超过 $\displaystyle\sum_{\nu=0}^{\infty} \lambda^\nu \delta = \frac{\delta}{1 - \lambda}$

二者之和为

$$|e_\nu| = |\bar{a} - X^{(\nu)}| \leqslant \frac{\delta}{1-\lambda} + \lambda^\nu \rho_0$$

(3) 公式 (2-22)

$|X^{(\nu)} - \bar{a}| \leqslant (M|X^{(0)} - \bar{a}|)2^\nu - 1|X^{(0)} - \bar{a}|$ 的证明.

其中 $M \simeq \left|\dfrac{G''(\bar{a})}{2}\right|$.

$$\because \quad X^{(1)} - \bar{a} = G(X^{(0)}) - G(\bar{a}) = \frac{1}{2}G''(\bar{a})(X^{(0)} - \bar{a})^2 + \cdots,$$

略去高阶项有

$$|X^{(1)} - \bar{a}| \leqslant M|X^{(0)} - \bar{a}|^2$$

上式说明: $\nu = 1$ 时, 公式 (2-22) 成立, 设 $\nu = n$ 时, 公式成立, 当 $\nu = n+1$ 时,

$$X^{(n+1)} - \bar{a} = G(X^{(n)}) - G(\bar{a}) = \frac{G''(\bar{a})}{2}(X^{(n)} - \bar{a})^2 + \cdots$$

$$\therefore \quad |X^{(n+1)} - \bar{a}| \leqslant M|X^{(n)} - \bar{a}|^2$$

由归纳法假设知

$$|X^{(n)} - \bar{a}| \leqslant (M|X^{(0)} - \bar{a}|)2^n - 1|X^{(0)} - \bar{a}|$$

因此

$$|X^{(n+1)} - \bar{a}| \leqslant M[(M|X^{(0)} - \bar{a}|)2^n - 1|X^{(0)} - \bar{a}|]^2$$
$$= (M|X^{(0)} - \bar{a}|)2^{n+1} - 1|X^{(0)} - \bar{a}|$$

所以对任何自然数 ν, 公式 (2-22) 成立.

(4) 对公式 $A = I - H - V$ 的说明:

由 (3-4) 式得

$$\vdots$$

$$\frac{U_{j+1,k} - 2U_{j,k} + U_{j-1,k}}{\Delta x^2} + \frac{U_{j,k+1} - 2U_{j,k} + U_{j,k-1}}{\Delta y^2} = -F_{j,k}$$

$$\vdots$$

等式两边乘 Δx^2, Δy^2:

$$\Delta x^2(U_{j,k+1} - 2U_{j,k} + U_{j,k-1}) + \Delta y^2(U_{j+1,k} - 2U_{j,k} + U_{j-1,k})$$
$$= -\Delta x^2 \cdot \Delta y^2 \cdot F_{j,k}$$

化简

$$U_{j,k} - \frac{\delta^2}{\Delta y^2}(U_{j,k+1} + U_{j,k-1}) - \frac{\delta^2}{\Delta x^2}(U_{i+1,k} + U_{i-1,k})$$

$$= \delta^2 F_{j,k}$$

式中

$$\delta^2 = \frac{\Delta x^2 \Delta y^2}{2(\Delta x^2 + \Delta y^2)}$$

由上式得矩阵

$$
A = \begin{vmatrix}
1 & -\theta_x & & -\theta_y & \\
-\theta_x & 1 & -\theta_x & 0 & \ddots \\
& -\theta_x & 1 & & \ddots \\
& 0 & & \ddots & \ddots \\
-\theta_y & & \ddots & & \ddots
\end{vmatrix} = \begin{vmatrix}
1 & & & & \\
& 1 & & 0 & \\
& & 1 & & \\
& & & 1 & \\
0 & & & & \ddots
\end{vmatrix}
$$

$$
- \begin{vmatrix}
0 & \theta_x & & 0 \\
\theta_x & 0 & \theta_x & \\
& \theta_x & 0 & \ddots \\
& & 0 & \ddots & \ddots
\end{vmatrix} - \begin{vmatrix}
0 & & & \theta_y & \\
& 0 & & 0 & \ddots \\
& & 0 & & \ddots \\
& 0 & & \ddots & \\
\theta_y & & \ddots & &
\end{vmatrix}
$$

$$= I - H - V = I - \theta_x(\bar{L} + \bar{L}^T) - \theta_y(B + B^T)$$

式中　　$\theta_x = \dfrac{\delta^2}{\Delta y^2}$;　$\theta_y = \dfrac{\delta^2}{\Delta x^2}$,　I 为幺阵,

$$
L = \begin{vmatrix}
0 & 0 & \\
1 & 0 & \\
& 1 & 0
\end{vmatrix}, \quad
L^T = \begin{vmatrix}
0 & 1 & \\
& 0 & 1 \\
& 0 & 0
\end{vmatrix}
$$

$$
B = \begin{vmatrix}
0 & & \\
0 & 0 & & \\
1 & 0 & 0 & \\
& 1 & 0
\end{vmatrix}, \quad
B^T = \begin{vmatrix}
0 & 0 & 1 & \\
& 0 & 0 & 1 \\
& 0 & 0 & 0
\end{vmatrix}
$$

(5) 对公式 $\|U - u\| \leqslant \dfrac{a^2 b^2}{\pi^2(a^2 + b^2)} \cdot \|e_T\|_2 \{1 + O[(\Delta x^2 + (\Delta y)^2)]\}$ 的证明.

证: 取 $\Delta x = \Delta y = 2\delta$, 则 $\theta_x = \theta_y = \dfrac{1}{4}$, 因为

$$J + 1 = \frac{a}{\Delta x} = \frac{a}{2\delta}$$

$$K + 1 = \frac{b}{\Delta y} = \frac{b}{2\delta}$$

设 $p = q = 1$ 时, 达到 $\min\limits_{1 \leqslant v \leqslant JK} |\Lambda_v|$, 则

$$\|A^{-1}\|_2 = \frac{1}{\min\limits_{1 \leqslant v \leqslant JK} |\Lambda_v|} = \frac{1}{\xi_{p=1} + \eta_{q=1}}$$

$$= \frac{1}{\dfrac{4}{4} \sin^2\left(\dfrac{\pi}{2} \dfrac{p}{\dfrac{a}{2\delta}}\right) + \dfrac{4}{4} \sin^2\left(\dfrac{\pi}{2} \dfrac{q}{\dfrac{b}{2\delta}}\right)}$$

$$\mathop{=}_{\substack{\delta \to 0 \\ p = q = 1}} \frac{1 + O(\delta^2)}{\pi^2 \delta^2 \left(\dfrac{1}{a^2} + \dfrac{1}{b^2}\right)}$$

所以

$$\|A^{-1}\|_2 = \frac{1 + O(\delta^2)}{\pi^2 \delta^2 \left(\dfrac{1}{a^2} + \dfrac{1}{b^2}\right)} = \frac{1}{\pi^2 \delta^2} \cdot \frac{a^2 b^2}{a^2 + b^2} [1 + O(\delta^2)]$$

所以

$$\|U - u\| \leqslant \delta^2 \|A^{-1}\|_2 \cdot \|e_T\|_2$$

$$= \frac{a^2 b^2}{\pi^2(a^2 + b^2)} \|e_T\|_2 \{1 + O(\delta^2)\}$$

(6) 公式 (4-13)

$$e_j^{n+1} = (1 - \gamma)e_j^n + \gamma e_{j-1}^n - \Delta t e_{Tj}^n \text{ 的证明.}$$

证: 因为

$$e(x, t) = U(x, t) - u(x, t)$$

$$e_j^{n+1} = U_j^{n+1} - u_j^{n+1} \qquad (*)$$

由 (4-11) 式

$$U_j^{n+1} = (1+r)U_j^n + rU_{j-1}^n$$

又因为

$$e_T(x,t) = u_t + cu_{\bar{x}}$$

所以 $\quad u_t = e_T(x,t) - cu_{\bar{x}}$

$$u_j^{n+1} = u_j^n + \Delta t e_{Tj}^n - \frac{c\Delta t}{\Delta x}(u_j^n - u_{j-1}^n)$$

$$= (1-r)u_j^n + ru_{j-1}^n + \Delta t e_{Tj}^n$$

将 U_j^{n+1}, u_j^{n+1} 的表达式代入 $(*)$ 式, 即得

$$e_j^{n+1} = (1-r)U_j^n + rU_{j-1}^n - [(1-r)u_j^n + ru_{j-1}^n + \Delta t e_{Tj}^n]$$

$$= (1-r)e_j^n + re_{j-1}^n - \Delta t e_{Tj}^n$$

(7) 公式 (4-26)

$$\begin{pmatrix} \xi \\ \eta \end{pmatrix}_i^{n+1} = \frac{1}{2}(1 \pm r)\begin{pmatrix} \xi \\ \eta \end{pmatrix}_{i+1}^n + \frac{1}{2}(1 \mp r)\begin{pmatrix} \xi \\ \eta \end{pmatrix}_{i-1}^n$$

$$- \frac{\Delta t}{\sqrt{2}}\begin{pmatrix} e_{T_1} + e_{T_2} \\ e_{T_1} - e_{T_2} \end{pmatrix}_i^n$$

的证明.

证: 将 p 作用在 (4-25) 式上得

$$pe_j^{n+1} = \frac{1}{2}(pe_{j+1}^n + rpAe_{j+1}^n)$$

$$+ \frac{1}{2}(pe_{j-1}^n - rpAe_{j-1}^n) - \Delta t e_{Tj}^n$$

又因为

$$p = p^* = p^{-1} = \frac{1}{\sqrt{2}}\begin{pmatrix} 1 & 1 \\ 1 & -1 \end{pmatrix}, \quad pAp^* = \begin{pmatrix} 1 & 0 \\ 0 & -1 \end{pmatrix}$$

所以 $\quad pAe_{j+1}^n = pAp^* pe_{j+1}^n = \begin{pmatrix} 1 & 0 \\ 0 & -1 \end{pmatrix}\begin{pmatrix} \xi \\ \eta \end{pmatrix}_{j+1}^n = \begin{pmatrix} \xi \\ -\eta \end{pmatrix}_{j+1}^n$

$$pAe_{j-1}^n = \begin{pmatrix} \xi \\ -\eta \end{pmatrix}_{j-1}^n$$

$$pe_{Tj}^n = \frac{1}{\sqrt{2}}\left(\begin{matrix} e_{T_1} + e_{T_2} \\ e_{T_1} - e_{T_2} \end{matrix}\right)_j^n$$

于是由（4-25）式可得

$$pe_j^{n+1} = \left(\begin{matrix} \xi \\ \eta \end{matrix}\right)_j^{n+1} = \frac{1}{2}\left[\left(\begin{matrix} \xi \\ \eta \end{matrix}\right)_{j+1}^n + r\left(\begin{matrix} \xi \\ -\eta \end{matrix}\right)_{j+1}^n\right]$$

$$+ \frac{1}{2}\left[\left(\begin{matrix} \xi \\ \eta \end{matrix}\right)_{j-1}^n - r\left(\begin{matrix} \xi \\ -\eta \end{matrix}\right)_{j-1}^n\right]$$

$$- \frac{\Delta t}{\sqrt{2}}\left(\begin{matrix} e_{T_1} + e_{T_2} \\ e_{T_1} - e_{T_2} \end{matrix}\right)_j^n$$

$$= \frac{1}{2}(1 \pm r)\left(\begin{matrix} \xi \\ \eta \end{matrix}\right)_{j+1}^n + \frac{1}{2}(1 \mp r)\left(\begin{matrix} \xi \\ \eta \end{matrix}\right)_{j-1}^n$$

$$- \frac{\Delta t}{\sqrt{2}}\left(\begin{matrix} e_{T_1} + e_{T_2} \\ e_{T_1} - e_{T_2} \end{matrix}\right)$$

(8) 对公式 (5-27)

$$(I - \theta \mathfrak{S} M)e^n = (I - (1-\theta)\mathfrak{S} M)e^{n-1} - \Delta t e_T^n$$

的证明.

因为

$$e_{\bar{t}}(x, t) = (e_j^n - e_{j-1}^n)/\Delta t$$

$$e_{x\bar{x}} = (e_{j+1}^n - 2e_j^n + e_{j-1}^n)/\Delta x^2$$

所以由 (5-26) 式得

$$\frac{(e_j^n - e_j^{n-1})}{\Delta t} - \left[\frac{\theta(e_{j+1}^n - 2e_j^n + e_{j-1}^n)}{\Delta x^2}\right.$$

$$+ \left.\frac{(1-\theta)(e_{j+1}^{n-1} - 2e_j^{n-1} + e_{j-1}^{n-1})}{\Delta x^2}\right] = -e_{Tj}^n$$

即 $e_j^n - \theta \mathfrak{S}(e_{j+1}^n - 2e_j^n + e_{j-1}^n)$

$$- [e_j^{n-1} + (1-\theta)\mathfrak{S}(e_{j+1}^{n-1} - 2e_j^{n-1} + e_{j-1}^{n-1})]$$

$$= -\Delta t e_{Tj}^n$$

其中 $\mathfrak{S} = \Delta t/\Delta x^2$

将上式写成矩阵时，则得

$$
\begin{bmatrix} 1 & & & & \\ & & & 0 & \\ & & 1 & & \\ & & & \ddots & \\ 0 & & & & 1 \end{bmatrix} e^n - \theta \mathfrak{S} \begin{bmatrix} -2 & 1 & & & 0 \\ 1 & -2 & 1 & & \\ & 1 & -2 & \ddots & \\ 0 & & \ddots & \ddots & \\ & & & 1 & -2 \end{bmatrix} e^n
$$

$$
- \begin{bmatrix} 1 & & & 0 \\ & 1 & & \\ & & 1 & \\ 0 & & & \ddots \\ & & & & 1 \end{bmatrix} e^{n-1}
$$

$$
- (1-\theta) \mathfrak{S} \begin{bmatrix} -2 & 1 & & & 0 \\ 1 & -2 & 1 & & \\ & \ddots & \ddots & \ddots & \\ & & \ddots & \ddots & \\ & & & 1 & 2 \\ 0 & & & & \end{bmatrix} e^{n-1} = -\Delta t e^n_{Ti}
$$

设

$$
L_J = \begin{bmatrix} 0 & & & \\ 1 & 0 & & 0 \\ & 1 & \ddots & \\ & & \ddots & \ddots \\ 0 & & & 0 & \ddots \end{bmatrix}, \quad L_J^T = \begin{bmatrix} 0 & 1 & & & 0 \\ & 0 & \ddots & & \\ & & \ddots & \ddots & \\ & & & \ddots & 1 \\ 0 & & & & 0 \end{bmatrix}
$$

并令 $M = 2I - (L_J + L_J^T)$，I 为么阵，则得

$$Ie^n + \theta \mathfrak{S} M e^n - Ie^{n-1} + (1-\theta) \mathfrak{S} M e^{n-1} = -\Delta t e^n_T$$

即

$$(I + \theta \mathfrak{S} M)e^n = [I - (1-\theta) \mathfrak{S} M]e^{n-1} - \Delta t e^n_T$$

(9) 对公式 (5-29)

$$\|e^n\| = \|c\|^n \|e^0\| + \Delta t \frac{1 - \|c\|^n}{1 - \|c\|} \max_\nu \|\sigma^\nu\|$$

的证明.

证

$$\|e^n\| \leqslant \|c\| \cdot \|e^{n-1}\| + \Delta t \|\sigma^n\|$$

$$\leqslant \|c\| (\|c\| \cdot \|e^{n-2}\| + \Delta t \|\sigma^{n-1}\|) + \Delta t \|\sigma^n\|$$

$$\leqslant \|c\| (\|c\| (\|c\| \|e^{n-3}\| + \Delta t \|\sigma^{n-2}\|) + \Delta t \|\sigma^{n-1}\|)$$

$$+ \Delta t \|\sigma^n\|$$

$$= \|c\|^3 \|e^{n-3}\| + \|c\|^2 \Delta t \|\sigma^{n-2}\| + \|c\| \Delta t \|\sigma^{n-1}\| + \Delta t \|\sigma^n\|$$

$$\leqslant \cdots \leqslant \|c\|^n \cdot \|e^{n-n}\| + \|c\|^{n-1} \|\sigma\| \Delta t$$

$$+ \|c\|^{n-2} \|\sigma^2\| \Delta t + \cdots + \Delta t^n \|\sigma^n\|$$

$$= \|c\|^n \|e^0\| + \Delta t \frac{1 - \|c\|^n}{1 - \|c\|} \max_\nu \|\sigma^\nu\|$$

(10) 对公式 (7-29)

$$\|U(t)\| \leqslant \sqrt{2} \sup_{\substack{\nu=n \\ |k|<\infty}} \|G^\nu(k_j, \Delta x, \Delta t)\| \{ \|U(0)\|$$

$$+ t \max_{t'<t} \|L_\Delta U(t')\| \}$$

的证明.

证: 因为

$$|V(t, k)| \leqslant \max_{\nu \leqslant n} \|G^\nu(k_j, \Delta x, \Delta t)\|_2 \Big\{ |V(0, k)|$$

$$+ \Delta t \sum_{\nu=0}^{n-1} \Big| \frac{1}{2\pi} \int_0^{2\pi} \theta^{-jkx} L_\Delta U(t - \nu \Delta t, x) dx \Big| \Big\}$$

于是

$$|V(t, k)| \leqslant \max_{\nu \leqslant n} \|G^\nu\| \Big\{ |V(0, k)|$$

$$+ t \max_\nu \Big| \frac{1}{2\pi} \int_0^{2\pi} e^{-ikx} L_\Delta U(t - \nu \Delta t, x) dx \Big| \Big\}$$

两边平方,并利用 $(a + b)^2 \leqslant 2(a^2 + b^2)$ 得

$$|V(t, k)^2| \leqslant 2 \max_{\nu \leqslant n} \|G^\nu\|^2 \Big\{ |V(0, k)|^2$$

$$+ t^2 \max_\nu \Big| \frac{1}{2\pi} \int_0^{2\pi} e^{-ikx} L_\Delta U(t - \nu \Delta t, x) dx \Big|^2 \Big\}.$$

各项相加 $\sum_k$,利用 Parseval 恒等式

$$\|L_\Delta U(t')\|^2 = \frac{1}{2\pi} \sum_{k=-\infty}^{\infty} \left| \int_0^{2\pi} e^{-ikx} L_\Delta U(t', x) dx \right|^2$$

及

$$\|U(t)\|^2 = \sum_k |V(t, k)|^2$$

得

$$\|U(t)\|^2 \leqslant 2 \sup_{\substack{v \leqslant n \\ |k| < \infty}} \|G^v(k_j, \Delta x, \Delta t)\|^2 \{\|U(0)\|^2$$
$$+ t^2 \max_{t' < t} \|L_\Delta U(t')\|^2\}$$
$$\leqslant 2 \sup_{\substack{v \leqslant n \\ |k| < \infty}} \|G^v\|^2 \{\|U(0)\|^2 + t^2 \max_{t' < t} \|L_\Delta U(t')\|^2$$
$$+ 2\|U(0)\| \cdot t \cdot \max \|L_\Delta U\|\}$$

两边开方得

$$\|U(t)\| \leqslant \sqrt{2} \sup_{\substack{v \leqslant n \\ |k| < \infty}} \|G^v(k_j, \Delta x, \Delta t)\| \{\|U(0)\|$$
$$+ t \cdot \max_{t' < t} \|L_\Delta U(t')\|\}$$
$$(n\Delta t \leqslant T)$$

(11) 关于公式 (8-9) 到 (8-11)

$$c^{n+1} - c^{n-1} = 2rs^n(U^n - V)$$
$$s^{n+1} - s^{n-1} = 2rc^n(U^n + V)$$
$$U^{n+1} - U^{n-1} = 0$$

的证明.

由于

$$U_j^{n+1} - U_j^{n-1} + \frac{r}{2}[(U_{j+1}^n)^2 - (U_{j-1}^n)^2] = 0$$

将

$$U_j^n = c^n \cos \frac{\pi j}{2} + s^n \sin \frac{\pi j}{2} + U^n \cos \pi j + V$$

代入上式,由于

$$U_j^{n+1} - U_j^{n-1} = (c^{n+1} - c^{n-1}) \cos \frac{\pi j}{2}$$

$$+ (s^{n+1} - s^{n-1}) \sin \frac{\pi j}{2}$$

$$+ (U^{n+1} - U^{n-1}) \cos \pi j$$

$$U^n_{j+1} - U^n_{j-1} = c^n \left(\cos \frac{\pi(j+1)}{2} - \cos \frac{\pi(j-1)}{2} \right)$$

$$+ s^n \left(\sin \frac{\pi(j+1)}{2} - \sin \frac{\pi(j-1)}{2} \right)$$

$$+ U^n (\cos \pi(j+1) - \cos \pi(j-1))$$

$$= 2 \left(c^n \cos \frac{(j+1)\pi}{2} + s^n \sin \frac{(j+1)\pi}{2} \right)$$

$$U^n_{j+1} + U^n_{j-1} = 2U^n \cos(j+1)\pi + 2V$$

从而

$$\left(c^{n+1} - c^{n-1} \right) \cos \frac{\pi j}{2} + (s^{n+1} - s^{n-1}) \sin \frac{\pi j}{2}$$

$$+ (U^{n+1} - U^{n-1}) \cos \pi j$$

$$+ 2r(U^n \cos(j+1)\pi + V)$$

$$\cdot \left(c^n \cos \frac{(j+1)\pi}{2} + s^n \sin \frac{(j+1)\pi}{2} \right) = 0$$

于上式中令 $j = 0, 1, 2$, 分别得

$$(c^{n+1} - c^{n-1}) + (U^{n+1} - U^{n-1}) = 2rs^n(U^n - V)$$

$$(s^{n+1} - s^{n-1}) - (U^{n+1} - U^{n-1}) - 2r(U^n + V)c^n = 0$$

$$- (c^{n+1} - c^{n-1}) + (U^{n+1} - U^{n-1}) = -2rs^n(U^n - V)$$

所以

$$c^{n+1} - c^{n-1} = 2rs^n(U^n - V)$$

$$s^{n+1} - s^{n-1} = 2rc^n(U^n + V)$$

$$U^{n+1} - U^{n-1} = 0$$

(**12**) 关于公式 (8-13), (8-14)

$$\lambda^2 = (1 + R) \pm \sqrt{(1 + R)^2 - 1}$$

的证明.

由于

$$c^{n+2} - c^n = 2rs^{n+1}(U^{n+1} - V)$$

$$c^n - c^{n-2} = 2rs^{n-1}(U^{n-1} - V)$$

所以
$$c^{n+2} - 2c^n + c^{n-2} = 2r(s^{n+1} - s^{n-1})(U^{n+1} - V)$$
$$= 4r^2 c^n(U^n + V)(U^{n+1} - V)$$
$$= 4r^2 c^n(A + V)(B - V)$$

设
$$c^{n+2} = \lambda^2 c^n = \lambda^4 c^{n-2}$$

则
$$\lambda^2 = (1 + R) \pm \sqrt{(1 + R)^2 - 1}$$

其中
$$R = 2r^2(A + V)(B - V)$$

(**13**) 对公式 (8-20)
$$E(t) \leqslant \max\left[E(0), \frac{K_1}{M}\right] e^{Mt}$$

的证明.

证: 因为
$$E_t \leqslant M E(t) + K_1, \ K_1 \geqslant 0, \ M > 0,$$
$$E(t) = \int_0^L \frac{(u(x, t))^2}{2} dx > 0$$

而 t 为时间,所以
$$\frac{dE(t)}{M E(t) + K_1} \leqslant dt$$

或
$$\frac{1}{M} \frac{d(M E(t) + K_1)}{M E(t) + K_1} \leqslant dt$$
$$\frac{1}{M} \ln(M E(t) + K_1) \Big|_0^t \leqslant t$$
$$\ln(M E(t) + K_1) - \ln(M E(0) + K_1) \leqslant Mt$$
$$\ln(M E(t) + K_1) \leqslant Mt + \ln(M E(0) + K_1)$$
$$M E(t) + K_1 \leqslant (M E(0) + K_1) e^{Mt}$$
$$M E(t) \leqslant M E(0) e^{Mt} + K_1(e^{Mt} - 1)$$

所以
$$E(t) \leqslant E(0)e^{Mt} + \frac{K_1}{M}(e^{Mt} - 1)$$

$$\leqslant E(0)e^{Mt} + \frac{K_1}{M}e^{Mt}$$

$$\leqslant \max\left[E(0), \frac{K_1}{M}\right]e^{Mt}$$

（14）对公式（8-28）的证明：

因为

$$U_j^{n+1} = U_j^n - \frac{r}{2}(U_{j+1}^n - U_{j-1}^n)$$
$$+ \frac{r^2}{2}(U_{j+1}^n + U_{j-1}^n - 2U_j^n)$$

即

$$U_j^{n+1} = \frac{r^2 + r}{2}U_{j-1}^n + (1 - r^2)U_j^n + \frac{r^2 - r}{2}U_{j+1}^n$$

两边平方得

$$(U_j^{n+1})^2 = \left(\frac{r^2 + r}{2}\right)^2(U_{j-1}^n)^2 + (1 - r^2)^2(U_j^n)^2$$
$$+ \left(\frac{r^2 - r}{2}\right)^2(U_{j+1}^n)^2 + (r^2 + r)(1 - r^2)U_j^n U_{j-1}^n$$
$$+ \frac{r^2(r^2 - 1)}{2}U_{j-1}^n U_{j+1}^n$$
$$+ (1 - r^2)(r^2 - r)U_j^n U_{j+1}^n$$

右边加上（当 $r < 1$ 时）

$$\frac{r^2(1 - r^2)}{4}(U_{j-1}^n - 2U_j^n + U_{j+1}^n)^2$$

$$= \frac{r^2(1 - r^2)}{4}[(U_j^n - 1)^2 + 4(U_j^n)^2 + (U_{j+1}^n)^2$$
$$- 4U_{j-1}^n U_j^n + 2U_{j-1}^n U_{j+1}^n - 4U_j^n U_{j+1}^n]$$

则前式等号改为 $\leqslant$，故得

$$(U_j^{n+1})^2 \leqslant \left(\frac{r^4 + 2r^3 + r^2 + r^2 - r^4}{4}\right)(U_{j-1}^n)^2$$

$$+ (1 - 2r^2 + r^4 - r^4 + r^2)(U_j^n)^2$$

$$+ \left(\frac{r^4 - 2r^3 + r^2 + r^2 - r^4}{4} \right)(U_{j+1}^n)^2$$

$$+ (r^2 - r^4 + r - r^3 - r^2 + r^4)U_j^n U_{j-1}^n$$

$$+ (r^2 - r - r^4 + r^3 - r^2 + r^4)U_j^n U_{j+1}^n$$

$$= \frac{r^3 + r^2}{2}(U_{j-1}^n)^2 + (1 - r^2)(U_j^n)^2$$

$$+ \frac{r^2 - r^3}{2}(U_{j+1}^n)^2$$

$$+ (r^3 - r)(U_{j+1}^n U_j^n - U_j^n U_{j-1}^n)$$

(15) 由 (8-33) 式

$$\|U^{n+1}\|_2^2 - \|U^n\|_2^2 = \mathfrak{S} \sum_{j=1}^{J-1} [U_{j+1}^n U_j^{n+1} - 2U_j^n U_j^{n+1} + U_{j-1}^n U_j^{n+1}$$

$$+ U_{j+1}^n U_j^n - 2(U_j^n)^2 + U_{j-1}^n U_j^n]$$

令　　$\Delta_+ U = U(x + \Delta x) - U(x) = U_{j+1} - U_j$

则

$$\sum_{j=1}^{J-1} \Delta_+ U_j^n \cdot \Delta_+ U_j^{n+1} = \sum_{j=1}^{J-1} (U_{j+1}^n - U_j^n)(U_{j+1}^{n+1} - U_j^{n+1})$$

$$= \sum_{j=1}^{J-1} U_{j+1}^n U_{j+1}^{n+1} - \sum_{j=1}^{J-1} U_j^n U_{j+1}^{n+1}$$

$$- \sum_{j=1}^{J-1} U_{j+1}^n U_j^{n+1} + \sum_{j=1}^{J-1} U_j^n U_j^{n+1}$$

所以

$$\|U^{n+1}\|_2^2 - \|U^n\|_2^2 = \mathfrak{S} \left\{ - \sum_{j=1}^{J-1} \Delta_+ U_j^n \Delta_+ U_j^{n+1} - U_1^n U_1^{n+1} \right.$$

$$+ \sum_{j=1}^{J-1} U_j^n U_j^{n+1} - \sum_{j=1}^{J-1} U_{j+1}^n U_j^n$$

$$\left. - 2 \sum_{j=1}^{J} (U_j^n)^2 + \sum_{j=1}^{J-1} U_{j-1}^n U_j^n \right\}$$

因为

$$\|\Delta_+ U^n\|_2^2 = \sum_{j=1}^{J-1} (U_{j+1}^n - U_j^n)^2 = \sum_{j=1}^{J-1} (U_{j+1}^n)^2$$
$$+ \sum_{j=1}^{J-1} (U_j^n)^2 - 2 \sum_{j=1}^{J-1} U_{j+1}^n U_j^n$$

所以

$$\|U^{n+1}\|_2^2 - \|U^n\|_2^2 = -\mathfrak{S} \left\{ (U_1^n + U_1^{n+1})U_1^n + \|\Delta_+ U^n\|_2^2 \right.$$
$$\left. + \sum_{j=1}^{J-1} \Delta_+ U_j^n \Delta_+ U_j^{n+1} \right\}$$

(16) 关于"人工粘性"

Von Neumann 和 Richtmeyer 在计算无粘性流场中的激波传播问题时,曾用到人工粘性项,即在离散微分方程式以前加进一个二次粘性压力项 $\rho \alpha^2 \Delta x \left| \dfrac{\partial u}{\partial x} \right| \dfrac{\partial u}{\partial x}$, 其中 α 是引进的一个常数. 当 $\alpha < 1$ 时,在均匀流场中一维激波传播的计算结果给出一个尖的波前峰(分布在两个格子上). 但是在下游很长一个范围内,解有明显的波动. 当 $\alpha \geqslant 2$ 时,波动减弱了,但波前峰变宽到四个网格以上. 当 α 大到 $O(\Delta x^{-1})$ 时,得到一个相当光滑的下游解,但波前峰变得更宽. 这时,在似乎是光滑的无粘性区域里,人工粘性项不再是微小的,光滑的计算结果在波前峰附近也不是满意的近似解. 这样的粘性项有助于差分计算格式的稳定性,所以人工粘性也广泛地用到无激波的问题上.

即使离散以前在微分方程中未引进人工粘性项,在离散时,将 Taylor 级数的高阶项丢掉的过程中也引进了许多不同的假粘性项. 它们的作用与在微分方程中引进的人工粘性项相似. 我们用单波方程为例来解释这一情形:

单波方程 $Lu = u_t + cu_x = 0 \quad c > 0$

用逆风格式(当然也可用其他的差分格式)写出上式的差分方程:

$$L_\Delta U = (U_j^{n+1} - U_j^n) + r(U_j^n - U_{j-1}^n) = 0$$
$$r = c\Delta t/\Delta x$$

我们用单波方程的真解 u 代替足够光滑的函数 ϕ 来估计截断误差 e_T，则 $e_T = (L_\Delta - L)\phi = L_\Delta u$，用 Taylor 级数(或中值定理)展开而得

$$u_t + cu_x = (c\Delta x/2)u_{xx} - (\Delta t/2)u_{tt} + O(\Delta x^2, \Delta t^2)$$

上式中的 u_{tt} 项可用微分方程写作（c 为常数）

$$u_{tt} = -cu_{xt} = c^2 u_{xx}$$

因此 $L_\Delta U = 0$ 是与下列微分方程协调的：

$$u_t + cu_x = c_e u_{xx} + O(\Delta x^2, \Delta t^2)$$

其中 $c_e = (1 - r)(c\Delta x/2)$ 就是假粘性项的系数. 当步长 $\Delta t, \Delta x$ 选取得适当使 $r = c\Delta t/\Delta x = 1$ 时，则 $c_e = 0$，即无假粘性项. 事实上，这个单波差分方程的解在这情形下（$U_i^{n+1} = U_{i-1}^n = \cdots$）是与微分方程的真解 u 完全符合的. 当 $r < 1$ 时，$c_e u_{xx}$ 就是由差分近似(离散)所引进的假粘性项（当 $r > 1$ 时，$c_e < 0$，这种负系数的粘性项常被认为将使解不稳定，但下面很明显地指出这种引伸在一般情形下是不可靠的). 上述的结果不能任意引伸，因为上述格式与单波方程都是特殊的简单情形，在一般情形下 $c_e = 0$ 并不是无假粘性项(例如用二阶精度的差分格式，c_e 必须是零). 在截断误差中还有许多项

$$O(\Delta x^2)u_{xxx} + O(\Delta x^3)u_{xxxx} + \cdots$$

其中的 u_{xxxx} 及所有的偶次微分导数的项，都是粘性项，其作用与一般的粘性项 u_{xx} 相似，有扩散性，使计算的结果光滑化. 截断误差中的奇次导数项如 u_{xxx} 等，是色散项. 其作用是在各点引起不同波长频率或波速的波动并个别地向各方向播送，好像是将一纯色的光分散成各不同颜色的光波一样. 所以这种波常被叫作色散波. 在初边值问题中，从各点发出的各种微小波动相互干扰及相互迭加，还会自边界上反射进入计算区域内. 这些高阶项的系数，虽然有相当高的 Δx 的幂数，但在解并不太光滑的情形下其重要性可能大于低阶项. 从这观点看来，用差分法计算不太光滑的解的困难是可以预测的.

上面对粘性项和色散项作用的讨论只可应用在线性问题上.

对于非线性问题，将变得更复杂、更困难．在计算 Navier-Stokes 方程时，虽经过了相当长的计算时间,如所用的差分格式没有足够的粘性项，则在不同区域内往往出现很不规则的波动并逐渐扩展其范围,很象层流转捩到紊流的现象,最后可能使整个计算区域遍布着这些波动,似乎整个流场变成紊流了．但这不是物理现象的紊流与转捩而是差分计算的误差波相互干扰累积的结果,这就造成了要准确计算真正紊流中的波动现象的很大困难．

在另一些 Navier-Stokes 方程的计算解中，人们常有意无意地加入了相当大的粘性系数（如用一阶差分格式或用二阶差分格式的网格不够细时,或是在微分方程中加入了人工粘性项,或是在差分计算中引进了其他人为的光滑化的办法），其计算的结果，往往是比较光滑而令人满意的，这些计算的结果，常对物理问题中的 Reynolds 数的变化非常不敏感,在实际情形中,我们知道即使在很大的 Reynolds 数（10^5, 10^6）仍然是有它的一定的影响，而且这种影响也往往是我们作这些计算的目的．这种情形是因为这些计算中的人为粘性系数远大于物理问题中流体的粘性系数,所以流体粘性系数的改变就完全被假粘性项所掩盖了．计算的结果,当然不可能显出流场的 Reynolds 数的变化．

（17）近似解的协调与适定

用格式 12-6 来计算线化 Burgers 方程时，在 $\Delta x \to 0$ 的极限情形下，其截断误差 $e_T \sim \dfrac{1}{R}[\phi_{xx} + \Delta x \phi_{xxx} + \cdots]$ 并不趋于零．

这种情形与用 Dufort-Frankel 差分格式来解扩散方程（$r = \Delta t / \Delta x \doteqdot 0$）或用分部时间法来解定常问题的种种弱式差分格式相似．我们可以说在大网格计算的情形下，即使是光滑化后的计算也是不太光滑的．所以，一般用于光滑函数的协调意义是否适用尚需研究．也可以说，大网格计算的 $\mathrm{Re}_{\Delta x} \gg 1$，故 $e_T = 0(\mathrm{Re}_{\Delta x}^{-1}) \to 0$．但尽管这样说，总给我们一个"不太协调"的印象而怀疑到格式（12-6）的可用性．所以，我们从求非线性方程的近似解来讨论这一问题．

一般差分格式的协调性都是用线性方程来举例说明的．当我们用这些差分格式来处理非线性方程时，许多非线性项的不同处理在截断误差中引进了许多不同的项．这些项在 $\Delta t, \Delta x \to 0$ 的极限情形下并不一定都变成零，而有一定的剩余，这些剩余与上述(12-6)式用于线性 Burgers 方程的剩余项类似．对图 12-7 与 12-8 中用同一格式解线性与非线性 Burgers 方程的误差比较一下，就可以体会到这些非线性项在截断误差中的剩余在计算结果的误差中的相对重要性．

我们应用于计算方法的主要对象是相当复杂的非线性问题．我们所应该考虑的是许多非线性项所造成的这些剩余与上述线性项的剩余的相对重要性．如果后者相对地不太重要，那么我们对 (12-6)式应用到线性方程的协调性就不太关心了．尤其应注意的是当我们计算复杂的实际问题时，还有许多基本问题(第六、八、十及十一章有关非线性问题各点)有待解决．差分问题与物理性质的协调(包括边界条件的适当处理)、计算解收敛的本质都较差分格式在线性问题中的不太协调为重要．

我们怀疑用差分法来处理复杂的非线性问题所得的解会是收敛于实际问题的真解的渐近解．理论上，我们还不能证明它在适当情形下是收敛的渐近解，相反地却在实际经验中发现了许多的缺点．同时，我们又不能用实验计算的方法来验证计算解在 Δx，$\Delta t \to 0$ 的极限情形．因此，我们认为这些差分解是各种不同的近似解．很可能差分解法的 SMR (逐步网格加细法)是不应该做到 $\Delta t, \Delta x \to 0$ 的极限的，应该适可而止，如在函数的近似展开中，其级数不应取太多的项．这个近似解的概念在 Burgers 模式方程的研究中很明显地显示出来了．如图 12-8 所示，用格式 (12-5) 或 (12-6)来计算，都没有必要用 $Re_{\Delta x} < 4$ 的值．如果采用了流出边界的外插条件，则如图 12-4 所示，用不同的 r 负值来计算，更没有用太小于 $Re_{\Delta x}^*$ 值 ($e_{\max}$ 极小值时的坐标)的理由．在解多维的 Navier-Stokes 方程时，在流出边界上用外插条件是很普遍的．这种数字计算的解答似应从近似解的观点来处理．因此，在计算定常

解时，我们采取下列方案：

在以某一选定的 Δx 作计算时，每次时间迭代所得到的解随迭代次数 n 逐渐改变．这个解在整个场内改变的模数 $\|U^{n+1} - U^n\| = \|D^n\|$（我们常用 L_1，这似乎比用 L_2 方便些，在气动力学的计算中，我们常用密度 $\|\rho^{n+1} - \rho^n\|$，因为 ρ 比较敏感）将随迭代次数 n 而改变．当迭代开始时，此模数很快地降低到 10^{-3} 到 10^{-4} 初值模数，而后慢慢地达到一个最小值（常在 10^{-5} 左右），这时我们令 $n = n_*$．如果继续计算（$n > n_*$），模数即逐渐增加（也有时上下波动）我们就取 $n^* - 1$ 次迭代的结果作为用该 $Re_{\Delta x}$ 计算的最佳定常解．这个最佳定常解的误差模数 $\|e\| = \|U - u\|$ 常较迭代解的改变的模数 $\|D^n\| = \|U^{n+1} - U^n\| = \|(U^{n+1} - u) - (U^n - u)\| = \|e^{n+1} - e^n\|$ 为大．即使 $\|D^n\|$ 是 10^{-5}，10^{-4}，解的误差模数很可能是 10^{-2} 或 10^{-1} 或更大，我们无从确定．一般说来，当 $\|D\|$ 增加时，$\|e\|$ 可能增加得更快．因此我们就取 $\|D\|$ 为极小时的解为在该 $Re_{\Delta x}$，计算的定常解中误差最小的．在模式验算中，我们发现这一看法一般是可靠的．

得到在某一 $Re_{\Delta x}$ 计算的最佳定常解后，加细网格重作计算，以获得在逐步加细网格时最佳定常解随 $Re_{\Delta x}$ 的变化．假想这种变化与在 Burgers 方程及一元气动力学方程的模式研究中所得的

表 (17-1)

计 算 时 间	网 格 形 状	计 算 情 况
2.71 小时	网格沿 y 方向有延伸	$M_1 = 3$ $Re_{\delta_1} = 2.5 \times 10^3$ $\theta = 12.75°$
大约 2 小时	同　　上	$M_1 = 3$ $Re_{\delta_1} = 2.5 \times 10^3$ $\theta = 12.27°$
大约 1/2 小时	等距离网格	$M_1 = 3$ $Re_{\delta_1} = 2.5 \times 10^3$ $\theta = 12.75°$

表 (17-2)

算一周所需时间(秒/周)	时 段 总 数	计算时间(分秒)
1.38 2.77	1200 900	27:36 41:33 68:69
0.218	600	2:11

结果相似. 这样在加细网格计算的过程中所得的一系列近似解,在超过一个最小误差模式时,解中的波动将有显著地改变: 如不同区域内波动的相对强度,波峰与波谷间的点数,共同点波动的相位等等. 我们观察近似解中波动的这些突变来确定"最佳近似解"所在的 $Re_{\Delta x}$ 的范围(或网格的粗细). 在此范围内选择适当的 $Re_{\Delta x}$ 值重作计算,以趋近最佳近似解或缩小其所在的 $Re_{\Delta x}$ 的范围. 在第十二章中所举各例都是这样算的,只是当 $Re_{\Delta x}$ 的范围确定后就没有再取 $Re_{\Delta x}$ 的中间值重作计算. 这是因为在范围两侧的两组近似解已与实验的结果相当符合了. 我们既不能用分析方法来给出所谓"最佳近似解"的误差,又没有足够精确的实验结果来分辨各近似解的精度. 即使采用中间值的 $Re_{\Delta x}$ 重作计算得出结果,我们也不能给出更具体的结论. 我们的目的,不是求每一个问题的最佳近似解,而是举例示范,遵照上述方案用大网格计算,可以获得与实验结果相当符合的流场解.

(18) 改进粗网格计算的一些设想

在十二章中介绍的适于作大网格计算的差分格式 (12-6) 不过是一个较为成功的例子,极需改进或另找更有效的办法. 下面将略举一些有关改进此类宜于用大网格计算的差分格式与计算方法以获得实际问题的最佳近似解的设想.

在十二章中所举的模式研究中,当差分格式 (12-2) 中的参数 r 由 0 变到 -1 时,相当的 $Re^*_{\Delta x}$ 值从 4 增加到无穷大. 似乎只要选择 r 有适当的负值时,用 (12-2) 式就可算各种问题,这是不对的. 实际问题往往是多维而远较 Burgers 模式方程为复杂. 为了计算的稳定,又常需用较 (12-2) 为复杂的差分格式. 在这情形下,从分析方法难于定出相当的 $Re^*_{\Delta x}$ 的值. 事实上即使知道了 $Re^*_{\Delta y}$,也因不知道流场中的梯度而不能决定应用的网格大小,仍需试算各网格大小或用 SMR 法来事后验算是否已接近已知的 $Re^*_{\Delta x}$. 这样做反不如由观察近似解中波动的突变直接来确定 $Re^*_{\Delta x}$ 所在的网格大小为方便. 所以分析及估计一个差分问题的 $Re^*_{\Delta x}$,可以帮助我们理解,却不是作大网格计算的必须与有效步骤.

复杂的实际问题常有几个不同的大梯度区域,我们希望在加细网格计算时各大梯度区域可同时大致地达到最佳近似解,使解中的波动能一致地减小. 为了达到此目的,我们可采取有适应性的差分格式或有适应性的网格,或者是两者并用. 所谓有适应性的差分格式是指该式用于 Burgers 模式方程时所得相当于 r 的参数在所计算的流场中有利地随梯度而变化,我们假想 Burgers 模式可应用于局部的流场,此参数在流场中的适当变化能使大梯度计算区域中的 $Re^*_{\Delta x}$ 适当地增大,颇与实际计算中该区域的 $Re_{\Delta x}$ 大致相似. 如果从 (12-2) 式出发,可取 r 为随流场内各种梯度变化的某函数,只要当梯度小时,r 将为或 $\geqslant 0$;而当梯度大时,$r \geqslant -1$,例如可取 $r = -cu_x^2/(1 - cu_x^2)$. 若从 (12-5) 式出发,其中 $g(\cdot)$ 空间算子取为 (12-2) 式,就可与 (12-2) 式作类似的处理. 如果基本的差分格式中并无明确的 r 参数,我们可用相同的 $g(\cdot)$ 算子,但将在 i 点的 U_i 值改为 U_i 与邻点的平均值. 例如将 U_i 的平均值取为 $(U_{i+1} + 2U_i + U_{i-1})/4$,则平均值与 U_i 间的差是高阶的 $(U_i - 2U_i + U_{i-1})/4 \backsim \dfrac{\Delta x^2}{4} \dfrac{\partial^2 u}{\partial x^2}$. 因而将原式中相当于 r 的参数值按流场中 $\dfrac{\partial^2 u}{\partial x^2}$ 随 $g(\cdot)$ 算子的运算后而增减. 这样做就在每次迭代时可以不改变差分算子而省却一些复杂的计算程序. 而且为计算方便起见用前例的邻点平均值的格式可以直接从 (12-5) 式获得,只需将预算式定义在 i 与 $i + 1$ 点的中点上
$$(U_{i+1/2} = (U_i + U_{i+1})/2).$$

这就是十二章中列举的(12-6)式的办法. 事实上平均值,可以用种种不同的邻点值组合起来以达到各种变化. 用这许多不同的平均值, 也可认为是将预算式定义在各种不同的 U_j 与 U_{j+1} 的种种内插值上(例如 Runge-kutta 方法等). 其变化是无穷的. 在安排计算程序时,这样做可能比较方便些.

所谓有适应性的网格是指"当差分格式以及计算区域内离散点数已取定后, 我们改变在计算区内离散点的分布来控制各点的 $Re_{\Delta x} = \Delta U \cdot \Delta x / \nu$." 如果按照某一选定的办法, 根据计算结果重新分配各区域中的点数, 则在各区域内的 $Re_{\Delta x}$ 就相应地增减. 其所得的近似解在各区域内改变的情形应与在 SMR 法中的情形类似. 我们可以观察各大梯度区域中近似解的波动突变来选定在各该区中的适当点数, 以达到该差分格式在此区域内所能给出的最佳近似解. 如果在其他大梯度区域中, 不能同时大致达到最佳近似解的范围内, 我们可以将已达到最佳近似解的区域内的点的分布(或者近似解的本身)"冻结", 然后逐一改变其他大梯度区域内的点数的分布, 来分别处理以达到各大梯度区域中均能同时大致获得最佳近似解的情形. 上述方法能否达到目的, 有赖于下列两个因素: (1)所选定的差分格式所导致的差分问题是守恒的, 而且具有适当的渐近性, 在各大梯度区均有 $Re^*_{\Delta x}$ 以及最佳近似解的存在; (2)在计算中运用了足够多的点能使各大梯度区域中的最佳近似解大致地不相互干扰(如果真的不干扰的话,则各大梯度区就可以个别求解,与我们求解常微分方程时常用的种种渐近性方法很相似了).

十二章所举激波与平面上边界层干扰的例子在用均匀的网格计算时就达到了预期的目的, 这里还未曾举例说明采用适应性网格的计算. 在实际应用中,对要求解的许多流体力学初边值问题, 我们常需用边界作为曲线坐标的一轴线来取得处理边界条件的方便. 这时将 Navier-Stokes 微分方程组写成离散形式往往是非常复杂的. 在每次迭代时将离散点的位置要重行分配, 则在方程式中所有的度量系数与其微分系数均需重新计算来获得各点的差分方程. 这种计算不但增加了计算量与机器的存贮量,还需维持所得差分问题在物理空间中的适当守恒性. 这种运算是有一定困难的. 因此用适应性网格计算时,不宜先做微分方程的坐标变换而后离散成差分方程. 如果对一个任意的不规则的网格直接根据守恒原则写出差分方程来作为用适应性网格计算解实际复杂问题在多方面都是有利的.

一般参考书籍

[1] 北京大学等编,计算方法,人民教育出版社,1961.

[2] 加藤敏夫,变分法及其应用,上海科学技术出版社,1961.

[3] A. 拉尔斯登 H. S. 维尔夫,数字计算机上用的数学方法,上海科学技术出版社,1963.

[4] G. E. 福雪斯、W. R. 华沙,偏微分方程的有限差分法,上海科学技术出版社,1964.

[5] Д. К. 法捷耶夫、B. H. 法捷耶娃,线性代数计算方法,上海科学技术出版社,1965.

[6] R. S. 瓦格,矩阵迭代分析,上海科学技术出版社,1966.

[7] Yanenko, N. N., Method of Fractional Steps Novosibirsk, O. S. S. R., 1966.

[8] 冯 康等编,数值计算方法,国防工业出版社,1979.

[9] Richtmeyer, R. D. and Morton, K., Difference Methods for Initial Value Problems (2nd Ed.), John Wiley & Sons, 1965.

[10] Isaacson, E. and Keller, H. B., Analysis of Numerical Methods, John Wiley & Sons, 1966.

[11] Garabedian, P. R., Partial Differential Equations John Wiley & Sons, 1964.

[12] S. I. Cheng, A Critical Review of Numerical Solution of Navier-Stokes Equations, Lecture Notes at von Kármán Institute Belgium, 1972.

[13] Roache, P. J., Computational Fluid Dynamics, Hermosa Publishers, Albuquaque, 1972.

各章特殊参考文献

第一章

[1] 冯 康，基于变分原理的差分格式，应用数学与计算数学，**2**(4)，1965.

第三章

[1] 黄鸿慈，关于椭圆形方程牛曼问题的数值解法，应用数学与计算数学，**1**(2)，1964.

[2] Burridge, D. M. and Temperton, C., A Fast Poisson Solver for Large Grids, *Jour. of Computational Physics*, 30, 1979.

第九章

[1] Jenson, V. G., Viscous Flow Round a Sphere at low Reynolds Number, *Proc. Roy. Soc., London*, A249, 1959.

[2] Hamielec, A. E., Hoffman, T. W. and Ross, L. L., Numerical Solution of the Navier-Stokes Equations for Flow Past Non-Solid Spheres, *Jour. of Am. Inst. of Chemical Engineers*, **13**(2), 1967.

[3] Rimon, Y. and Cheng, S. I., Numerical-Solution of a Uniform Flow over a Sphere at Intermediate Reynolds Numbers, *The Physics of Fluids* **12**(5), 1969.

[4] Taneda, S., Studies on Wake Vortices Experimental Investigation of the Wake Behind a Sphere at Low Reynolds Numbers, *Jour. of Phy. Soc. of Japan*, 1, 1956.

第十一章

[1] Temam, R., Une Méthode d'approximation de la Solution des Equations de Navier-Stokes, *J. Math. Pures Appl.*, p. 447, 1968.

[2] Temam, R., Sur I'approximation de la solution des equations de Navier-Stokes par la methode des pas fractionnels, I & II *Archiv. rat Mech. Anal.*, **32**, 1969.

[3] Lions, J. L., On the Numerical Approximation of Some Equations Arising in Hydrodynamics, Proc. of Symposium Applied Math., U.S.A., 1968.

[4] Fortin, M., Peyret, R., and Temam, R., Résolution Numérique des Equations de Navier-Stokes Pour un Fluide Incompressible, *Jour. de Mécanique*, **10**(3), 1971.

第十二章

[1] Cheng, S. I., S hubin, G., Computational Accuracy and Mesh Reynolds

Number, *Jour. of Comp. Phy.*, **28**(3), 1978.

[2] Shubin, G., Cheng, S. I., Gas Dynamic Modelling and Computational Accuracy, *Jour. of Comp. Phy.*, **32**(1), 1979.

[3] Cheng, S. I., Errors in Finite Difference Solutions of Navier-Stokes Equations, Proc. 6 International Conference on Computational Methods, Tbilisi, U. S. S. R., 1978.

[4] Hakkinan, R. J., Greber, I., Trilling, L., Abanbanels, S., The Interaction of an Oblique Shock Wave with a Laminar Boundary Layer, NASA Memo., 2-18-59 W, 1959.

[5] MacCormack, R. W., Numerical Solution of the Interaction of a Shock Wave with a Laminar Boundary Layer, Proc. 2 International Conference on Computational Methods, Berkeley, Calif., U.S.A., 1971.

[6] MacCormack, R. W., Boldwin, B. S., A Numerical Method for Solving the Navier-Stokes Equation with Application to Shock Boundary Layer Interaction, Preprint 13 Aerospace Sciences Meeting, AIAA Paper 75-1, 1975.

[7] Messina, N. A., A Computational Investigation of Shock Wave, Laminar Boundary Layers and Their Interactions, Ph. D. thesis, Princeton University, 1977.

[8] Oey, L. Y., Large Mesh Reynolds Number Computations with Applications to Shock Boundary Layer Interaction Problems, Ph. D. Thesis, Princeton University, 1978.

[9] Cheng, S. I., Asymptotic Behavior and Beat Approximation in Computational Fluid Dynamics, Presented at 4th IMACS International Symposium on Computer Methods for Partial Differential Equations, **Lehigh Univ. Bethlehem, P. A., U.S.A., 1981.**